Forrest M. Mims Ⅲ

电子工程师成长笔记

手绘揭秘电子电路基本原理和符号

[美]弗雷斯特·M. 米姆斯三世(Forrest M. Mims Ⅲ)著

侯立刚 译

本书以工程师手绘笔记的形式描绘了一个生动、有趣的电子技术世界，书中内容包含有许多常用的电子学公式、图表、电路符号以及器件封装，还有基本的电阻和电容电路，以及使用压电蜂鸣器、LED、FET 和 IC 的许多电路，还包括从简单的门和振荡器到序列生成器、移位寄存器和数据选择器等大约 100 个数字逻辑电路。最重要的是，书中还提供了设计和测试技巧来帮助读者对电路进行规划以及故障排除。

本书适合于电子技术入门人员、青少年、职业院校师生，以及电子技术爱好者阅读。

欢迎来到Forrest的学霸笔记世界

本书的作者 Forrest M. Mims III 先生是一位高产的作家、教师，迄今为止写了 69 本书，在《Nature》《Science》等知名杂志上累计发表了 1000 多篇文章，内容涉及科学、激光、计算机、电子等多个领域。他设计制作的设备被 NASA（美国国家航空航天局）用于太空中对大气污染的监测，并因相关研究获得杰出劳力士奖（Rolex Award）。令我震惊的不仅仅是 Forrest 先生的“产量”，而是他的书的特色：有意思，容易懂！书中真正深入浅出地用简单的笔记、手绘图的形式将诸多电路、传感器说得明明白白，引人入胜。

如果你还记得考试前努力借来的学霸同学的笔记，那么比那位学霸记录得更清楚、更明白、更全面的电子课笔记就在这里了。关键是还有图！手绘的图！很难弄明白 Forrest 先生怎么学得这么透彻，但看超级学霸的笔记会比看普通的教材容易得多，也有意思得多。

本书为你把电路符号（非常全）、基本公式、设计小贴士、测试小贴士、二极管、晶体管、功率晶体管、CMOS 电路、TTL 电路都一一画了出来。通过学习，以后你就不会再对这些名词感到莫名的恐惧了，因为懂了！ 祝学习愉快！

作为一名教师，非常荣幸能有机会将本书翻译给同样幸运的读者。在感谢Forrest先生杰出工作的同时，也必须感谢机械工业出版社慧眼拾珍，为我们大家引荐了本书。

本书翻译得以完成，还要感谢叶彤旸、王海强、郭嘉、江南、吕昂等的协助和共同努力。在翻译的过程中，也得到了同事和家人的大力支持，在此一并感谢！

由于本书内容丰富，涉及大量相似和相近的元器件、电路，尽管译者一直认真仔细求证，但难免还会存在错误疏漏，恳请广大读者批评指正。

译者联系方式：houligang@bjut.edu.cn。

侯立刚

2019年1月

content

目　录

欢迎来到Forrest的学霸笔记世界

1

公式、表以及基础电路

1.1 直流电路电子学公式

1.1.1 直流电

直流电流在一个方向上稳定地或以脉冲方式流动。

电流（I）：某一点处电子流过的数量，单位为安培（A）。

电压（V）：电学中的压力或是驱动力，单位为伏特（V）。

电阻（R）：对电流流过的阻抗，单位为欧姆（Ω）。

电位差：导体两端的电压差。

1.1.1.1 欧姆定律

1V 的电位差将迫使 1A 的电流通过 1Ω的电阻。欧姆定律有各种公式。

$V = I \times R$　　　　帮你记欧姆定律

$I = \frac{V}{R}$

V

I R

这张图表示出了 V、I、R之间的关系。

$$R=\frac{V}{I}$$

$$P=I\times V\text{（或）}I^2\times R$$

1.1.1.2 电阻网络

串联

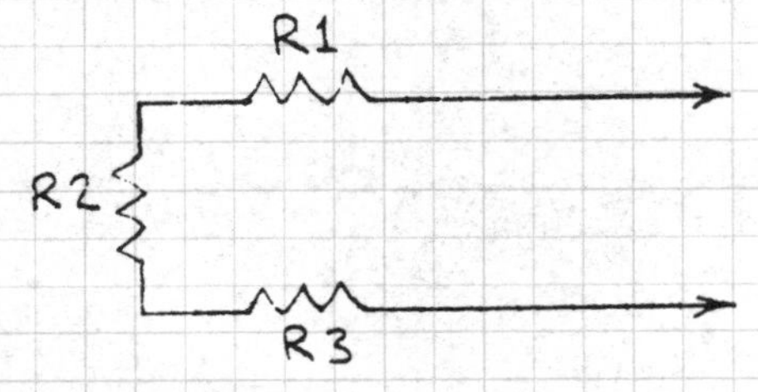

R_T 为总阻值

$$R_T=R1+R2+R3$$

两电阻并联

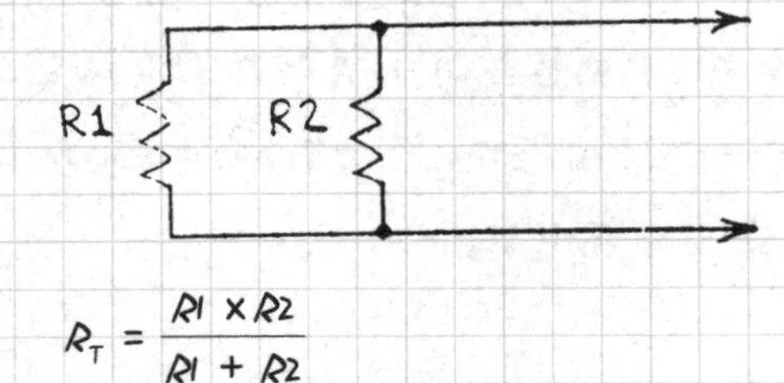

$$R_T=\frac{R1\times R2}{R1+R2}$$

两个或两个以上电阻并联

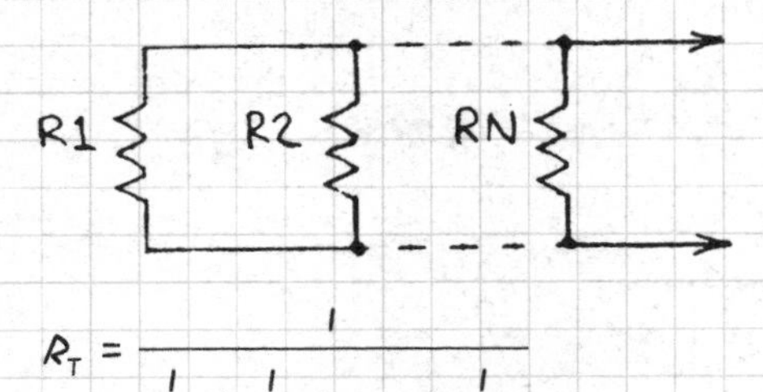

$$R_T=\frac{1}{\frac{1}{R1}+\frac{1}{R2}+\cdots+\frac{1}{RN}}$$

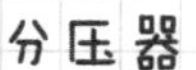

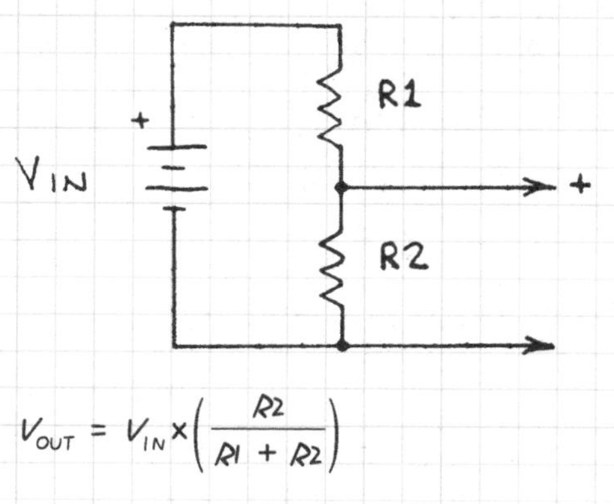

$$V_{OUT} = V_{IN} \times \left(\frac{R2}{R1 + R2} \right)$$

R_1 和 R_2 可以组成电位器。

1.1.2 交流电

交流电在导体的两个方向上都有流动。

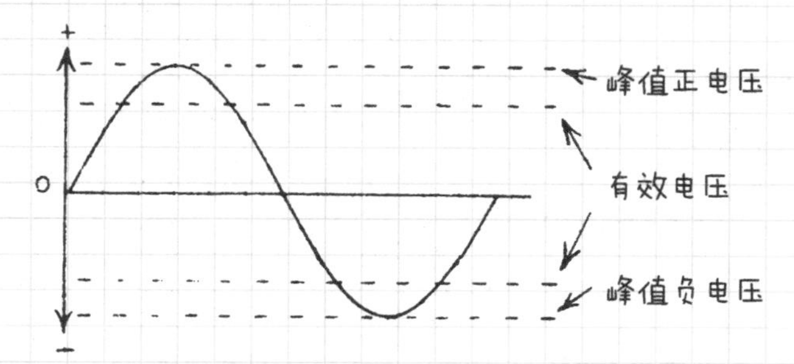

峰值电压：交流电的最大正向和负向偏移。

有效电压（方均根电压）：其数值等于与交流电做同样功时的直流电电压值。对于正弦函数交流电来说，其有效电压就是峰值电压乘上 0.707。

阻抗（Z）：电路表现出的对交流电的阻抗，单位为欧姆（Ω）。

交流电平均电压 = 0.637 × 峰值电压
= 0.9 × 有效电压

交流电有效电压 = 0.707 × 峰值电压
= 1.11 × 平均电压

交流电峰值电压 = 1.414 × 有效电压
= 1.57 × 平均电压

1.1.2.1 欧姆定律

$V = I \times Z$

$I = \frac{V}{Z}$

$Z = \frac{V}{I}$

$P = E \times I \times \cos\theta$

θ是表达电流与电压之间相位差别程度的相位角。电流在容性电路中先于电压，在感性电路中落后电压。在阻性电路中，θ等于0°。而0°对应的余弦值为1。因此在阻性电路中，$P = E \times I$

1.1.2.2 电容网络

串联

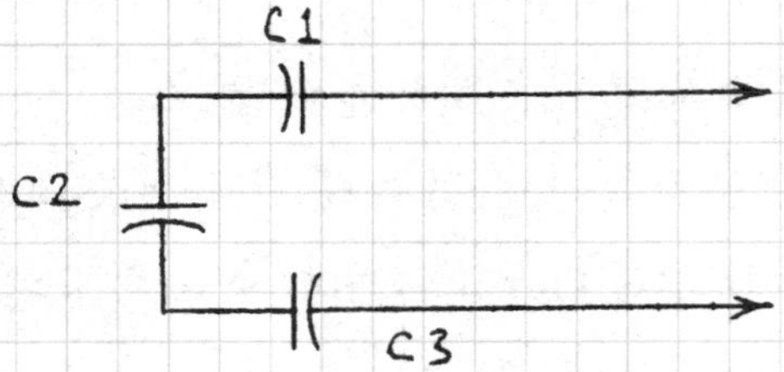

C1

C2

C3

$$C_T = \frac{1}{\frac{1}{C1} + \frac{1}{C2} + \frac{1}{C3}}$$

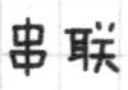

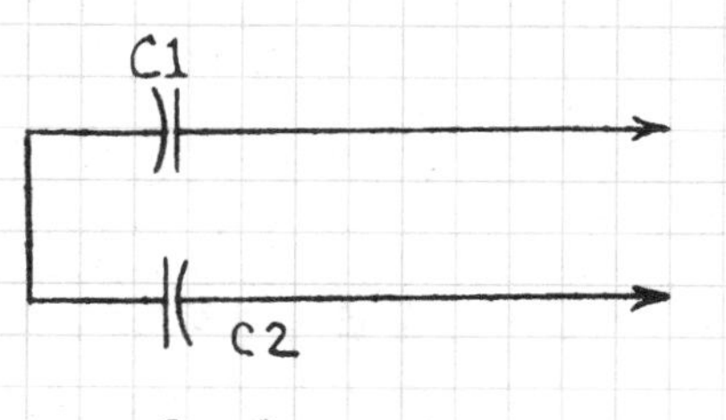

$$C_T = \frac{C1 \times C2}{C1 + C2}$$

并联（2个或2个以上）

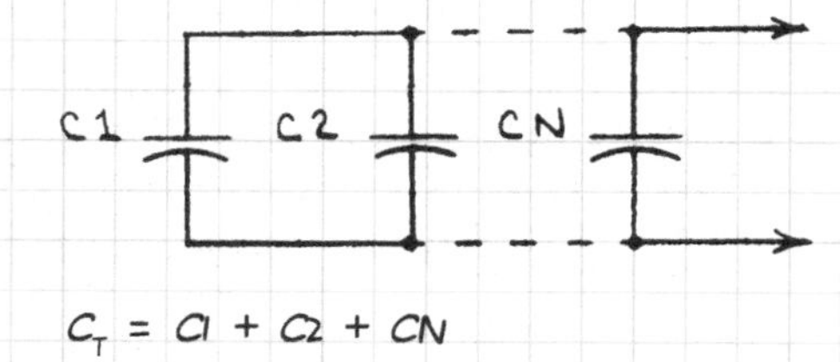

$$C_T = C1 + C2 + CN$$

1.2 基础数学知识

1.2.1 符号

符号	含义
+	正，加
−	负，减
×或*	乘
÷或/	除
=	等于
≠	不等于
≃	近似于

$>$	大于
$\geqslant$	大于等于
$<$	小于
$\leqslant$	小于等于
$\pm$	正负，加减
$1/n$	倒数（1/2 = 0.5）
$\sqrt{n}$	n的平方根
$\sqrt[3]{n}$	n的立方根

1.2.2 10的n次方

$10^{-9} = 0.000000001$	十亿分之一（nano）
$10^{-8} = 0.00000001$	
$10^{-7} = 0.0000001$	
$10^{-6} = 0.000001$	百万分之一（micro）
$10^{-5} = 0.00001$	
$10^{-4} = 0.0001$	
$10^{-3} = 0.001$	千分之一（milli）
$10^{-2} = 0.01$	
$10^{-1} = 0.1$	
$10^{0} = 1$	1
$10^{1} = 10$	
$10^{2} = 100$	
$10^{3} = 1000$	千（kilo）

$10^4 = 10000$

$10^5 = 100000$

$10^6 = 1000000$　　百万（mega）

$10^7 = 10000000$

$10^8 = 100000000$

$10^9 = 1000000000$　　十亿（giga）

1.2.3 代数的变换

如果 $A + B = C$，那么有

$$A = C - B$$

$$B = C - A$$

$$A + B - C = 0$$

如果 $A = \frac{B}{C}$，那么有

$$B = AC$$

$$C = \frac{B}{A}$$

如果 $\frac{A}{B} = \frac{C}{D}$，那么有

$$AD = BC$$

$$A = \frac{BC}{D}$$

$$B = \frac{AD}{C}$$

$$C = \frac{AD}{B}$$

$$D = \frac{BC}{A}$$

1.2.4 指数定律

$$\left(\frac{a}{b}\right)^X = \frac{a^X}{b^X}$$

$$(a^X)(a^Y) = a^{X+Y}$$

$$\frac{a^X}{a^Y} = a^{X-Y}$$

$$(a^X)^Y = a^{XY}$$

$$a^{-x} = \frac{1}{a^x} \qquad a^{\frac{x}{y}} = \sqrt[y]{a^x}$$

1.2.5 常用对数

一个数字的常见对数（$\log_{10}$或 lg）书写方式是数字的10的幂。比如$10^2=100$，那么2就是100的对数。逆对数（antilogarithm，antilog）是等于被作为对数运算的数字。比如2的逆对数是100。原数大于1，取对数后结果为正值，原数小于1，取对数后结果为负值。比如对10^{-2}或0.01取对数的结果是-2。A×B = antilog（logA + logB）；A ÷B = antilog（logA-logB）。科学计算器有log和antilog键。

1.2.6 分贝

分贝（dB）是允许在对数尺度上比较两个不同信号的度量单位。接收器的灵敏度和放大器的增益通常用dB表示。放大器输入端的信号功率（P1）与放大器输出端功率（P2）之间的差异以dB表示为

$$dB = 10\log\left(\frac{P2}{P1}\right)$$

放大器输入端（V1和I1）和输出端（V2和I2）的电压（V）和电流（I）之间的差异以dB表示为

$$dB = 20\log\left(\frac{V2}{V1}\right)$$

$$dB = 20\log\left(\frac{I2}{I1}\right)$$

注意，分贝定义了两个信号电平之间的比率，而不是它们的绝对值。

例：确定该运算放大器的电压增益（以dB为单位）。

V_{IN} (V1) — R1 — R2 — V_{OUT} (V2)

R1 = 1 000 Ω

R2 = 1 000000 Ω

电压增益=R2/R1

$$dB = 20\log\left(\frac{V2}{V1}\right)$$

$$dB = 20\log\left(\frac{1000}{1}\right) = 20\log 1000$$

$$\log 1000 = 3$$

所以增益 = 20 ×3 = 60dB

1.2.6.1 对数(dB)表

−		dB	+	
电压或电流比	功率比		电压或电流比	功率比
1.0000	1.0000	0	1.0000	1.0000
0.8913	0.7943	1	1.1220	1.2589
0.7943	0.6310	2	1.2589	1.5849
0.7079	0.5012	3	1.4125	1.9953
0.6310	0.3981	4	1.5849	2.5119
0.5623	0.3162	5	1.7783	3.1623
0.5012	0.2512	6	1.9953	3.9811

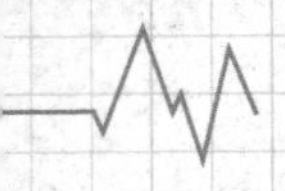

（续）

−		dB	+	
电压或电流比	功率比		电压或电流比	功率比
0. 4467	0. 1995	7	2. 2387	5. 0119
0. 3981	0. 1585	8	2. 5119	6. 3096
0. 3548	0. 1259	9	2 8184	7. 9433
0. 3162	0. 1000	10	3. 1623	10. 000
0. 1000	0. 0100	20	10. 000	100. 00
0. 0316	0. 0010	30	31. 623	1000. 0
0. 0100	0. 0001	40	100. 00	10000
0. 0032	0. 00001	50	316. 23	100000
0. 0010	10^{-6}	60	1000. 0	10^{6}
0. 0003	10^{-7}	70	3162. 3	10^{7}
0. 0001	10^{-8}	80	10000	10^{8}
0. 00003	10^{-9}	90	31623	10^{9}
0. 00001	10^{-10}	100	100000	10^{10}

1.2.6.2 功率-dBm 当量

接收器灵敏度通常相对于 1mW 以 dB 为单位给出。

dBm	功率/mW	单位
10	10. 000000	10mW
0	1. 000000	1mW
−10	0. 1000000	100μW
−20	0. 010000	10μW
−30	0. 001000	1μW
−40	0. 000100	100nW
−50	0. 000010	10nW
−60	0. 000001	1nW

1.2.7 数字进制系统

一个数字进制系统可以基于任意数量的基本数字。普通十进制有10个基本数字，二进制有2个基本数字，十六进制有16个基本数字。数值都是基于数字进制系统以连续的方式表现出来的。如：

4327_{10}

$$7\times10^0=7\times1=7$$
$$2\times10^1=2\times10=20$$
$$3\times10^2=3\times100=300$$
$$4\times10^3=4\times1000=4000$$
$$4327$$

1.2.7.1 二进制

在电路中十进制数通常用二进制数表示。二进制数也可以作为表示字母、电压、计算机指令等的代码。二进制中的每个0或1都是一个比特（bit），一个连续的4位比特是半个字节。一个连续的8位比特是一个字节（byte）或半个字（word）。

二进制转换为十进制　十进制转换为二进制

10011

$$1\times2^0=1$$
$$1\times2^1=2$$
$$0\times2^2=0$$
$$0\times2^3=0$$
$$1\times2^4=16$$
$$19$$

$$19\div2=9+1$$
$$9\div2=4+1$$
$$4\div2=2+0$$
$$2\div2=1+0$$
$$1^*$$
$$19=10011$$

*最终的商等于最终的余数。

二-十进制代码（BCD），每个十进制数字都被赋值为二进制等价的系统（19 = 0001 1001）。

1.2.7.2 不同进制数字对应表

DEC——十进制

BIN——二进制

BCD——二-十进制代码

HEX——十六进制

DEC	BIN	BCD	HEX
0	0	0000 0000	0
1	1	0000 0001	1
2	10	0000 0010	2
3	11	0000 0011	3
4	100	0000 0100	4
5	101	0000 0101	5
6	110	0000 0110	6
7	111	0000 0111	7
8	1000	0000 1000	8
9	1001	0000 1001	9
10	1010	0001 0000	A
11	1011	0001 0001	B
12	1100	0001 0010	C
13	1101	0001 0011	D
14	1110	0001 0100	E
15	1111	0001 0101	F
16	10000	0001 0110	10
17	10001	0001 0111	11
18	10010	0001 1000	12
19	10011	0001 1001	13
20	10100	0010 0000	14
21	10101	0010 0001	15
22	10110	0010 0010	16
23	10111	0010 0011	17

（续）

DEC	BIN	BCD	HEX
24	11000	0010 0100	18
25	11001	0010 0101	19
26	11010	0010 0110	1A
27	11011	0010 0111	1B
28	11100	0010 1000	1C
29	11101	0010 1001	1D
30	11110	0011 0000	1E
31	11111	0011 0001	1F
32	100000	0011 0010	20
64	1000000	0110 0100	40
96	1100000	1001 0110	60
99	1100011	1001 1001	63

1.3 常数和标准

1.3.1 美国的衡量标准和措施

1.3.1.1 美制度量衡

长度

1000mil = 1in　　3ft = 1yd

12in = 1ft　　5280ft = 1mile

面积

$1ft^2 = 144in^2$　　$1acre = 43560ft^2$

$1yd^2 = 9ft^2$　　$1mile^2 = 640acre$

体积

$1ft^3 = 1728in^3$ $1yd^3 = 27ft^3$

质量

16oz = 1lb

1.3.1.2 公制度量衡

长度

1000μm = 1mm

10mm = 1cm 100cm = 1m

1000m = 1km

面积

$100mm^2 = 1cm^2$ $10000cm^2 = 1m^2$

体积

$1cm^3 = 1mL$ 1000mL = 1L

质量

1000mg = 1g

1.3.1.3 美制-公制转换

原单位	变换为	乘上
μm	mil	3.937×10^{-2}
mil	μm	25.4
mm	mil	39.37
mil	mm	2.54×10^{-2}
mm	in	3.937×10^{-2}
in	mm	25.4
cm	in	0.3937
in	cm	2.54

（续）

原单位	变换为	乘上
in	m	2.54×10^{-2}
m	in	39.37
ft	m	30.48×10^{-2}
m	ft	3.281
m	yd	1.094
yd	m	0.9144
km	ft	3281
ft	km	3.408×10^{-4}
km	mile	0.6214
mile	km	1.609
g	oz	3.527×10^{-2}
oz	g	28.3495
kg	lb	2.205
lb	kg	0.4536

1.3.1.4 比较熟悉的例子

尺寸

10 分铸币（Dime）≈1mm×1.8cm

5 分镍币（Nickel）≈2mm×2.1cm

25 美分硬币（Quarter）≈2mm×2.4cm

1mil 厚的塑料薄膜 = 25.4μm

质量

塑封 TO-92 晶体管 ≈0.25g

8 引脚 miniDIP 封装集成电路≈0.5g

16 引脚 DIP 封装集成电路≈1.05g

5 分镍币（Nickel）≈5g

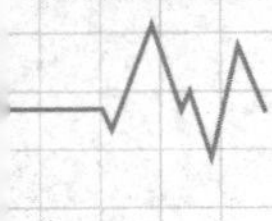

1.3.2 温度

$$°F = \left(°C \times \frac{9}{5}\right) + 32$$

$$°C = \frac{5}{9} \times (°F - 32)$$

	°C	°F
铅熔化 →	328	622.4
水沸腾 →	100	212
	90	194
	80	176
	70	158
	60	140
	50	122
	40	104
人类体温（37°C；98.6°F）		
	30	86
室温（22°C）	20	68
	10	50
水结冰 →	0	32

典型的半导体器件工作温度范围

商用级：0~70°C
工业级：−65~150°C

焊接

最常见的电路焊料是 60/40（60% 锡 + 40% 铅）。其熔点在 183～190℃（361～374℉）之间。

1.3.3 铜线；相对电阻

1.3.3.1 铜线

美国线规（AWG）	直径/mil	每千英尺电阻（20℃）/Ω	每磅长度/ft
10	101.9	0.9989	31.82
12	80.8	1.588	50.59
14	64.1	2.525	80.44
16	50.8	4.016	127.9
18	40.3	6.385	203.4
20	320	10.15	323.4
22	25.4	16.14	514.2
24	20.1	25.67	817.7
26	15.9	40.81	1300.0
28	12.6	64.90	2047.0
30	10.0	103.2	3287.0
32	7.9	164.1	5227.0
34	6.3	260.9	8310.0
36	5.0	414.8	13210.0
38	4.0	659.6	21010.0
40	3.1	1049.0	33410.0

1.3.3.2 相对阻抗

银	0.936
纯铜	1.000
金	1.403
铬	1.530
铝	1.549
钨	3.203
黄铜	4.822
磷青铜	5.533
镍	5.786
铁	5.799
锡	6.702
钢	9.932
铅	12.922
不锈钢	52.941
镍铬合金	65.092

相对阻抗是指相对于铜的阻抗的关系。直径为1mil的圆形铜线的电阻为10.37Ω。或者说，铜线的电阻为每圆密耳英尺[㊀]10.37Ω。

1.3.4 音频频谱

固体、液体和气体中的机械振动产生使大脑感觉到的声音。

㊀ 圆密耳英尺指截面积为1圆密耳、长为1英尺的圆柱体。——译者注

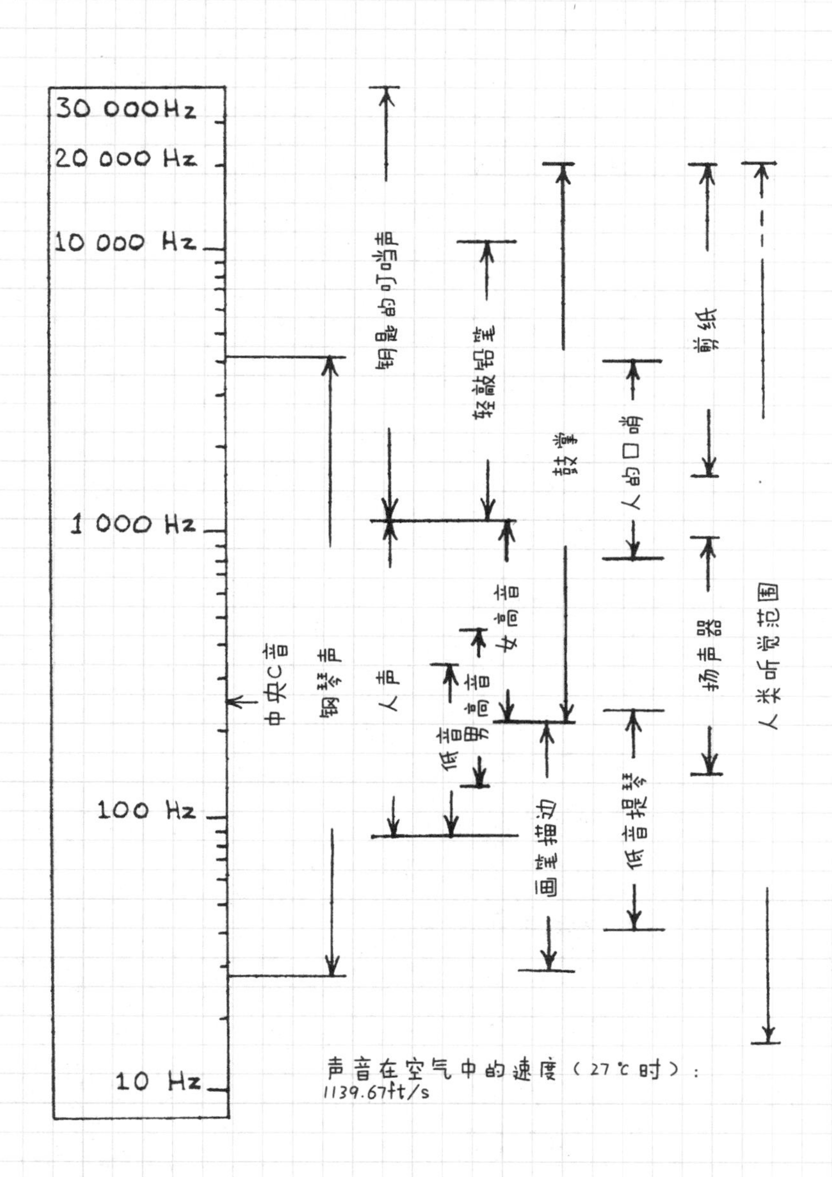

30 000Hz
20 000 Hz
10 000 Hz
1 000 Hz
100 Hz
10 Hz
中央C音
钢琴声
钥匙的叮当声
人声
轻敲铅笔
女高音
男高音
低音
鼓掌
画笔描边
人的口哨
低音提琴
剪纸
扬声器
人类听觉范围
声音在空气中的速度（27℃时）：
1139.67ft/s

1.3.5 声强级别

声源（距离观察者的距离）	级别/dB
使人痛苦声音频率的临界值	120+
航空飞机发动机（20ft）	120+
放大的摇滚音乐	110
雷声	110
压电蜂鸣器（12in）	108
空军T-38教练机（上方2500ft）	90
CO_2霰弹枪（12in）	90
数字时钟（12in）	85
电传打字机（18in）	80
空军T-38教练机（1mile）	70
典型的对话	65
纸夹落在桌子上（12in）	62
电话拨号音（1in）	56
用铅笔或橡皮擦在桌子上敲（12in）	54
计算机键盘声（12in）	61
一般住所的声音	45
轻柔的背景音乐	30
轻语	20
听觉阈值	0

1.3.6 电磁频谱

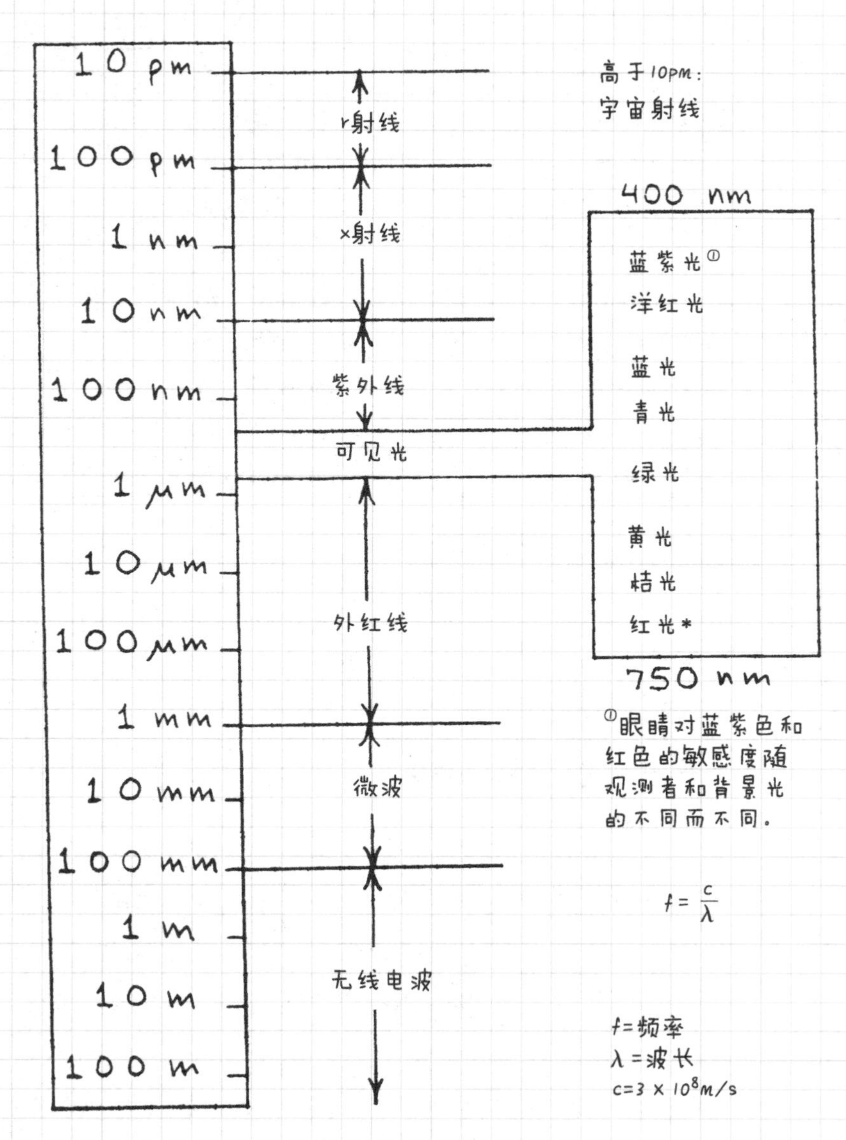

10 pm
100 pm
1 nm
10 nm
100 nm
1 μm
10 μm
100 μm
1 mm
10 mm
100 mm
1 m
10 m
100 m
γ射线
x射线
紫外线
可见光
外红线
微波
无线电波
高于10pm：
宇宙射线
400 nm
蓝紫光①
洋红光
蓝光
青光
绿光
黄光
桔光
红光*
750 nm
①眼睛对蓝紫色和红色的敏感度随观测者和背景光的不同而不同。
$f = \frac{c}{\lambda}$
f=频率
λ=波长
$c=3\times10^8 m/s$

1.3.7 无线电频谱

频　率	类　别
3～30kHz	甚低频（VLF）
30～300kHz	低频（LF）
300～3000kHz	中频（MF）
3～30MHz	高频（HF）
30～300MHz	甚高频（VHF）
300～3000MHz	特高频（UHF）
3～30GHz	超高频（SHF）
30～300GHz	极高频（EHF）
300～3000GHz	微波频率

频率与波长

$$\lambda = \frac{c}{f} \quad f = \frac{c}{\lambda}$$

式中　λ——波长（m）；

c——光速（3×10^8m/s）；

f——频率（Hz）。

例：一个108MHz信号的波长为$\frac{3\times10^8}{108\times10^6}$，即2.78m

1.3.8 一些比较重要的频率（MHz）

0.15～0.54：　导航信标

0.5：　国际遇险信号

0.54～1.6：AM广播波段
1.61：机场信息
1.8～2.0：160m业余波段
2.3～2.498：120m国际广播
2.5：WWV时间信号
3.5～4.0 80m业余波段
5.0：WWV时间信号
5.95～6.2：49m国际广播
6.2～6.625：海上通信
7.0～7.3：40m业余波段
7.0～7.3：40m国际广播
9.5～9.9：31m国际广播
10.0：WWV时间信号
10.1～10.15：30m业余波段
10.15～11.175：国际广播
11.7～11.975：25m国际广播
14.0～14.35：20m国际广播
15.0：WWV时间信号
20.0：WWV时间信号
21.0～21.45：15m业余波段
21.45～21.85：13m国际波段
24.89～24.99：12m业余波段
25.67～26.1：11m国际波段
26.9～27.4：民用波段
28.0～29.7：10m业余波段

49.82～49.9：低功率通信
50.0～54.0：6m业余波段
54.0～88.0：电视信号（CH.2～6）
72.03～72.9：无线电控制（仅限航空器）
75.43～75.87 无线电控制
88.0～108.0 FM广播波段
88.0～108.0 无线麦克风
108.0～118.0 空中导航信标
118.0～136.0：航空器
153～155：警察、消防、市政
158～159：警察、消防、市政
162.4～162.55：NOAA天气
174～216：电视信号（CH.7～13）
470～890：电视信号（CH.14～83）

1.3.9 时间转换

UTC	PST	MST	CST	EST	AST
0000	4 PM	5 PM	6 PM	7 PM	8 PM
0100	5 PM	6 PM	7 PM	8 PM	9 PM
0200	6 PM	7 PM	8 PM	9 PM	10 PM
0300	7 PM	8 PM	9 PM	10 PM	11 PM
0400	8 PM	9 PM	10 PM	11 PM	MIDNT
0500	9 PM	10 PM	11 PM	MIDNT	1 AM
0600	10 PM	11 PM	1MIDNT	1 AM	2 AM
0700	11 PM	MIDNT	1 AM	2 AM	3 AM
0800	MIDNT	1 AM	2 AM	3 AM	4 AM

（续）

UTC	PST	MST	CST	EST	AST
0900	1 AM	2 AM	3 AM	4 AM	5 AM
1000	2 AM	3 AM	4 AM	5 AM	6 AM
1100	3 AM	4 AM	5 AM	6 AM	7 AM
1200	4 AM	5 AM	6 AM	7AM	8 AM
1300	5 AM	6 AM	7 AM	8 AM	9 AM
1400	6 AM	7 AM	8 AM	9AM	10 AM
1500	7 AM	8 AM	9 AM	10 AM	11 AM
1600	8 AM	9 AM	10 AM	11 AM	12 AM
1700	9 AM	10 AM	11 AM	12 AM	1 PM
1800	10 AM	11 AM	12 AM	1 PM	2 PM
1900	11 AM	12 AM	1 PM	2 PM	3 PM
2000	12 AM	1 PM	2 PM	3 PM	4 PM
2100	1 PM	2 PM	3 PM	4 PM	5 PM
2200	2 PM	3 PM	4 PM	5 PM	6 PM
2300	3 PM	4 PM	5 PM	6 PM	7 PM

表中，UTC：协调世界时间（伦敦格林尼治时间）；

PST：太平洋标准时间；

MST：山地标准时间；

CST：中部标准时间；

EST：东部标准时间；

AST：大西洋时间；

夏令时：加1小时。

1.3.10 波、脉冲和信号

1.3.10.1 正弦波

正弦或正弦波是模拟电子电路中最常见的周期波。

如果峰值振幅是 +1 和 −1，那么：

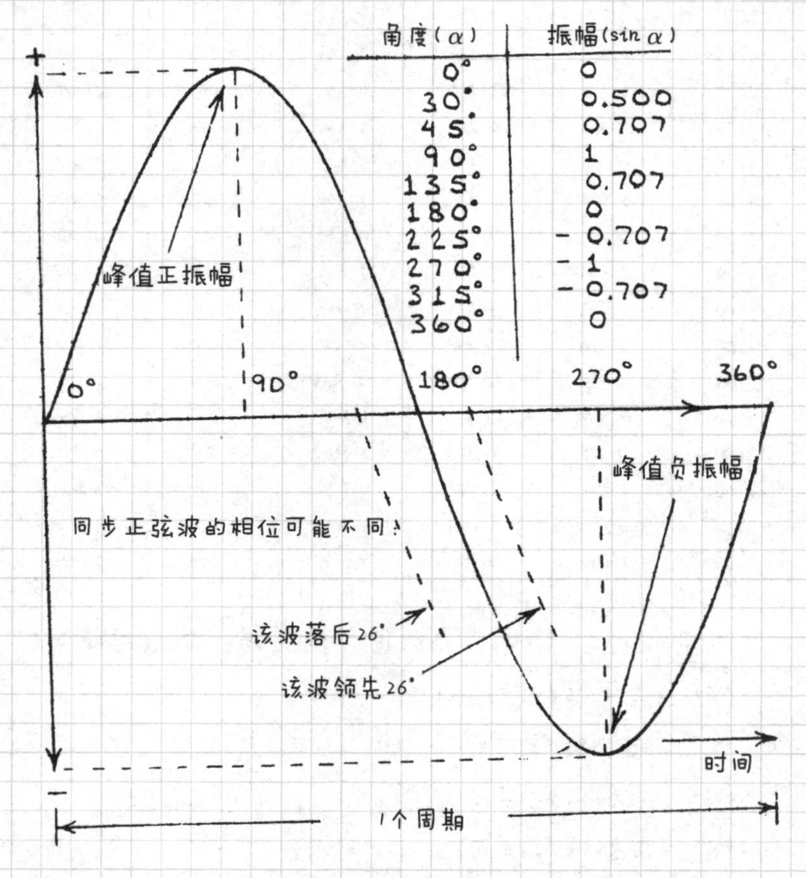

正弦波的频率是每秒的周期数。频率的单位是赫兹（Hz）。1Hz 是每秒一个周期。

正弦波的周期是一个完整波形发生的时间。

1.3.10.2 周期波

许多不同形式的周期波可以通过模拟电子电路来处理或产生。包括：

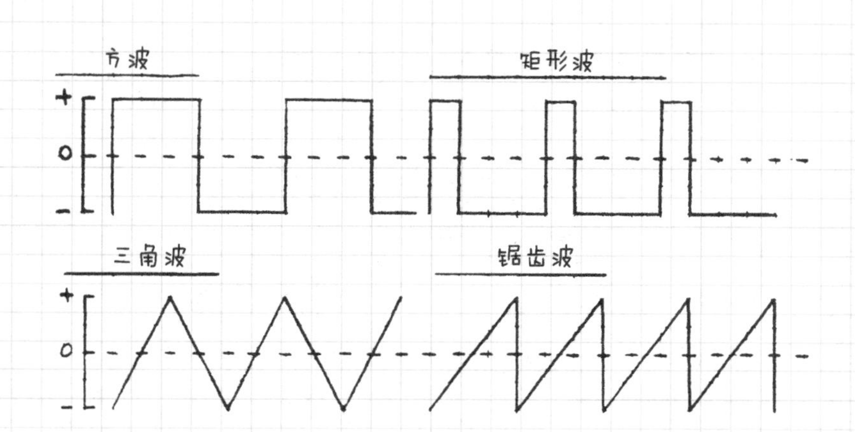

周期波可以用二极管整流，也可被齐纳二极管截断。

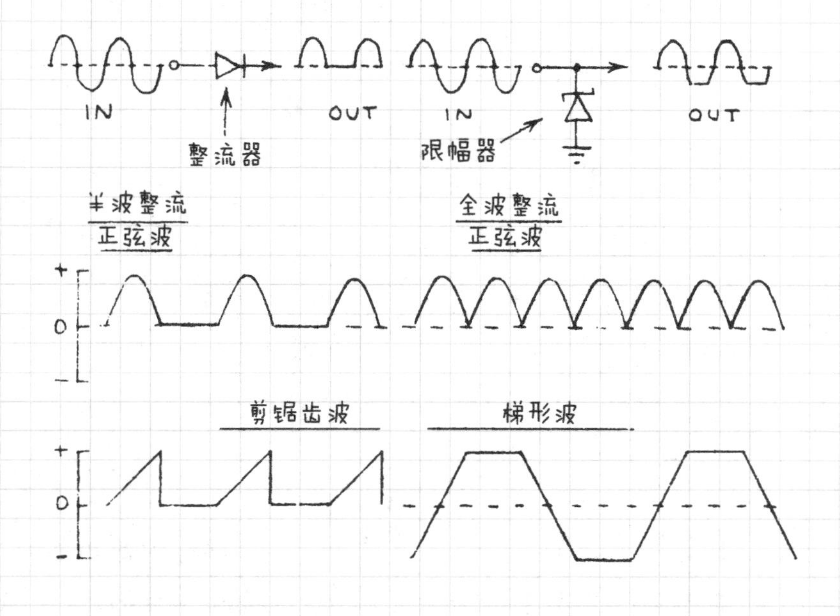

1.3.10.3 脉冲

单脉冲或周期脉冲序列通过数字电子电路生成。它们通常也被用来触发（激活）多种电路.

理想的脉冲

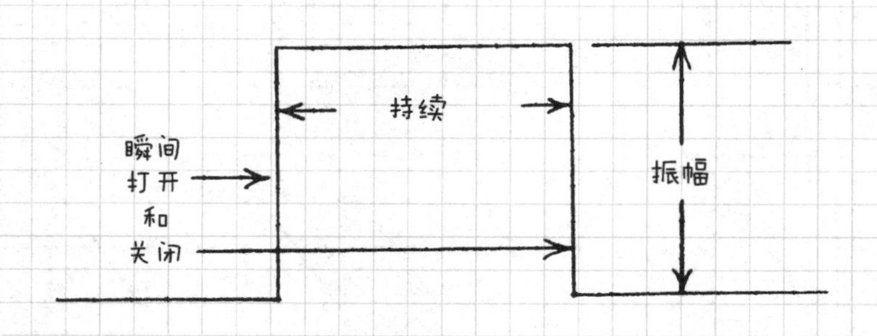

一个真正的脉冲

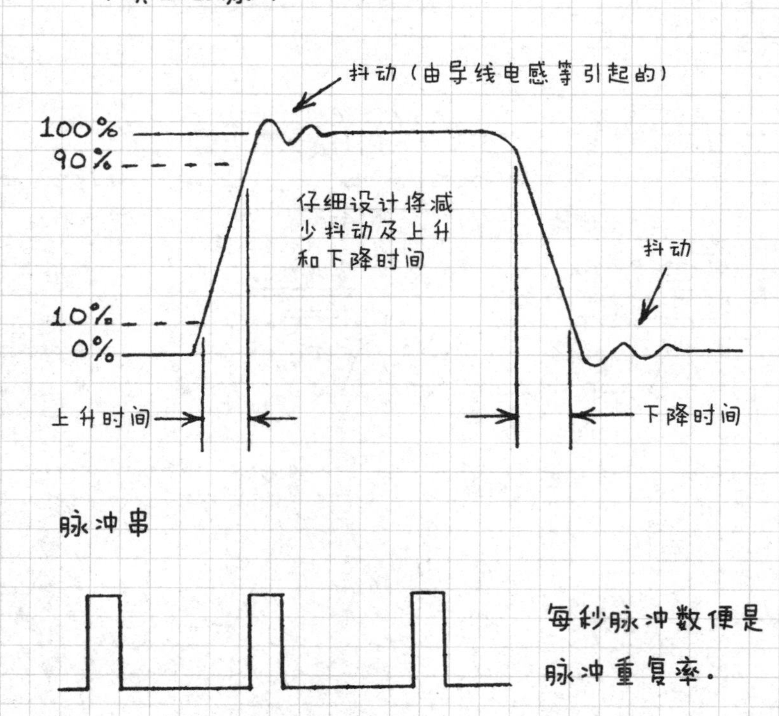

脉冲串

每秒脉冲数便是脉冲重复率.

1.3.10.4 信号

电子信号的范围包括从能够被听到的声调到由波动（模拟）或脉动（数字）波、电流或电压携带的信息。许多调制方法被用于在载波上施加信号。

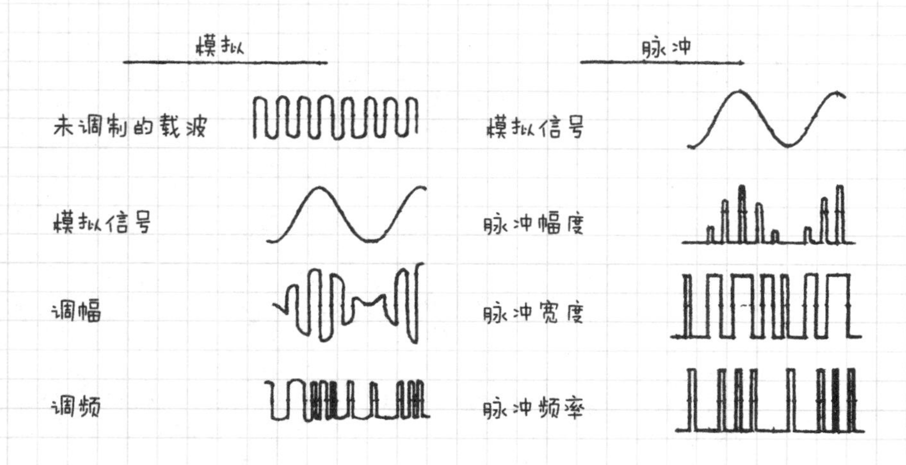

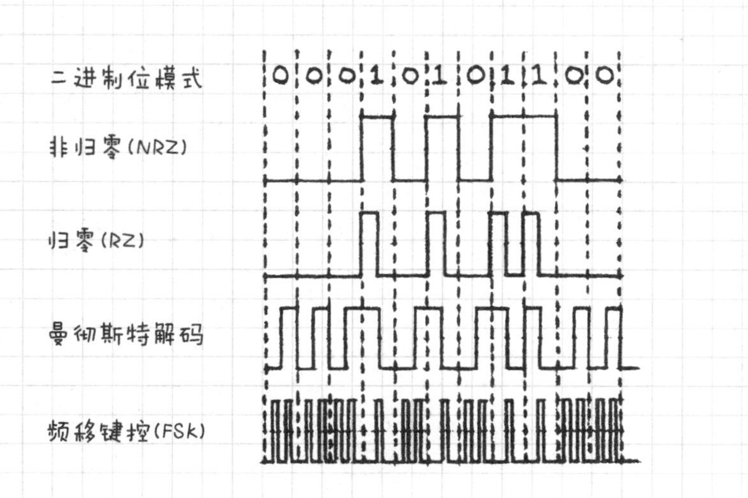

1.4 代码及符号

1.4.1 字母表、ASCII码和摩尔斯电码

字　母　表	ASCII 码	摩尔斯电码
A	100 0001	. —
B	100 0010	— . . .
C	100 0011	— — .
D	100 0100	— . .
E	100 0101	.
F	100 0110	. . — .
G	100 0111	— — .
H	100 1000	. . . .
I	100 1001	. .
J	10 1010	. — — —
k	100 1011	— . —
L	100 1100	. — . .
M	100 1101	— —
N	100 1110	— .
O	100 1111	— — —
P	101 0000	. — — .
Q	101 0001	— — . —
R	101 0010	. — .
S	101 0011	. . .
T	101 0100	—
U	101 0101	. . —
V	101 0110	. . . —
W	101 0111	. — —
X	101 1000	— . . —
Y	101 1001	— . — —
Z	101 1010	— — . .
0	011 0000	— — — — —
1	011 0001	. — — — —

（续）

字　母　表	ASCII 码	摩尔斯电码
2	011　0010	· · — — —
3	011　0011	· · · — —
4	011　0100	· · · · —
5	011　0101	· · · · ·
6	011　0110	— · · · ·
7	011　0111	— — · · ·
8	011　1000	— — — · ·
9	011　1001	— — — — ·

ASCII 码

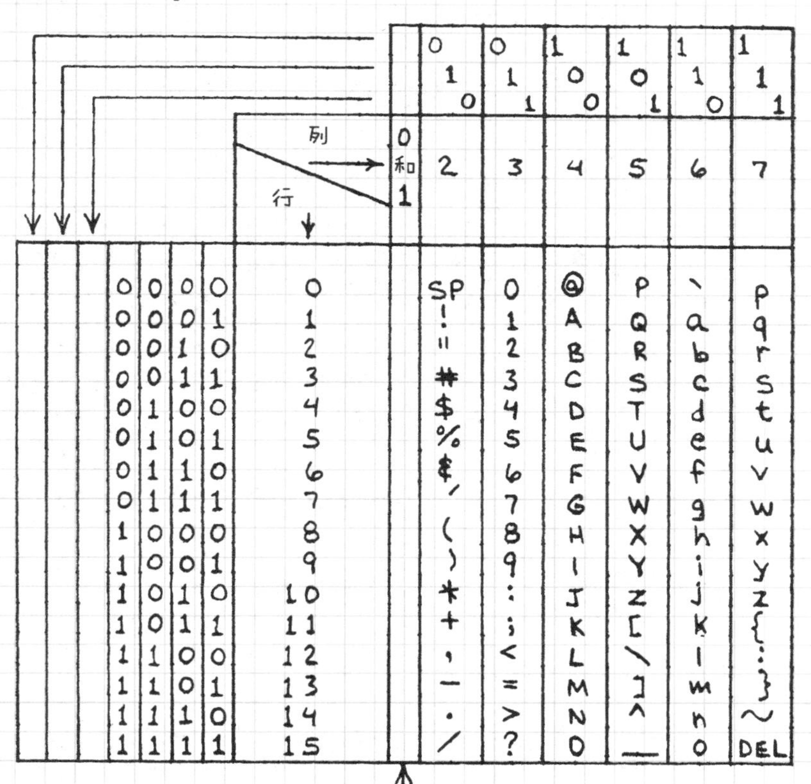

行	列 →	0 和 1	2 (010)	3 (011)	4 (100)	5 (101)	6 (110)	7 (111)
0000	0		SP	0	@	P	`	p
0001	1		!	1	A	Q	a	q
0010	2		"	2	B	R	b	r
0011	3		#	3	C	S	c	s
0100	4		$	4	D	T	d	t
0101	5		%	5	E	U	e	u
0110	6		&	6	F	V	f	v
0111	7		'	7	G	W	g	w
1000	8		(	8	H	X	h	x
1001	9		)	9	I	Y	i	y
1010	10		*	:	J	Z	j	z
1011	11		+	;	K	[	k	{
1100	12		,	<	L	\	l	|
1101	13		-	=	M	]	m	}
1110	14		.	>	N	^	n	~
1111	15		/	?	O	_	o	DEL

表中SP表示空格。

ASCII——美国信息交换标准代码。ASCII是计算机键盘的原理代码。汇编语言程序员将二进制ASCII（上表）码转换为十六进制码。十六进制等效原理：

A—41　G—47　M—4D　S—53　Y—59　4—34

B—42　H—48　N—4E　T—54　Z—5A　5—35

C—43　I—49　O—4F　U—55　φ—30　6—36

D—44　J—4A　P—50　V—56　1—31　7—37

E—45　K—4B　Q—51　W—57　2—32　8—38

F—46　L—4C　R—52　X—58　3—33　9—39

1.4.2 希腊字母表及符号

1.4.2.1 希腊字母表

名称	大写	小写	名称	大写	小写
ALPHA	Α	α	NU	Ν	ν
BETA	Β	β	XI	Ξ	ξ
GAMMA	Γ	γ	OMICRON	Ο	ο
DELTA	Δ	δ	PI	Π	π
EPSILON	Ε	ϵ	RHO	Ρ	ρ
ZETA	Ζ	ζ	SIGMA	Σ	σ
ETA	Η	η	TAU	Τ	τ
THETA	Θ	θ	UPSILON	Υ	υ
IOTA	Ι	ι	PHI	Φ	φ
KAPPA	Κ	κ	CHI	Χ	χ
LAMBDA	Λ	λ	PSI	Ψ	ψ
MU	Μ	μ	OMEGA	Ω	ω

1.4.2.2 常用希腊符号

字　母	代表或指定含义
α	角度，加速度，面积
β	角度
γ	电导率，比重
Δ	增量，减量
ε	介电常数
E	能量
Z	阻抗
η	FM调制指数
θ	角度，时间常数，温度
λ	波长，电导率
μ	微（前缀），放大系数
ν	频率
π	圆周率
ρ	电阻率，反射系数
Σ	求和符号
τ	时间常数，透明度
φ	角度，辐射功率
ω	角度，角频率
Ω	立体角，电阻

1.4.3 电阻色标

颜　色	代表数字（1和2）	倍数（3）	误差（4）
黑	0	1	
棕	1	10	±1%
红	2	100	
橙	3	1000	

（续）

颜　　色	代表数字（1和2）	倍数（3）	误差（4）
黄	4	10000	
绿	5	100000	没有色带：　±20%
蓝	6	1000000	
紫	7	10000000	
灰	8	100000000	
白	9	—	
金	—	—	±5%
银	—	—	±10%

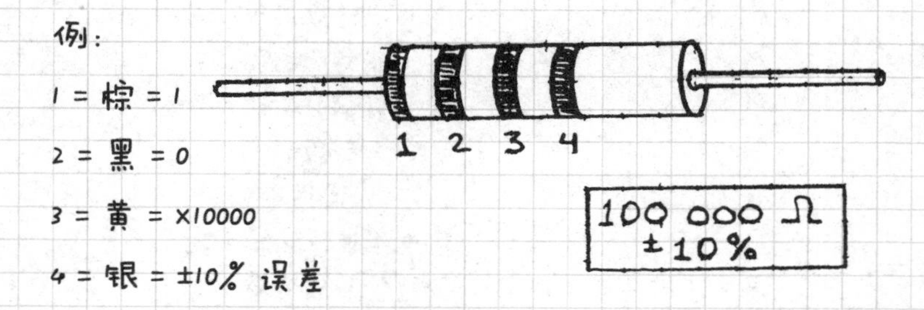

1.4.4　变压器色标

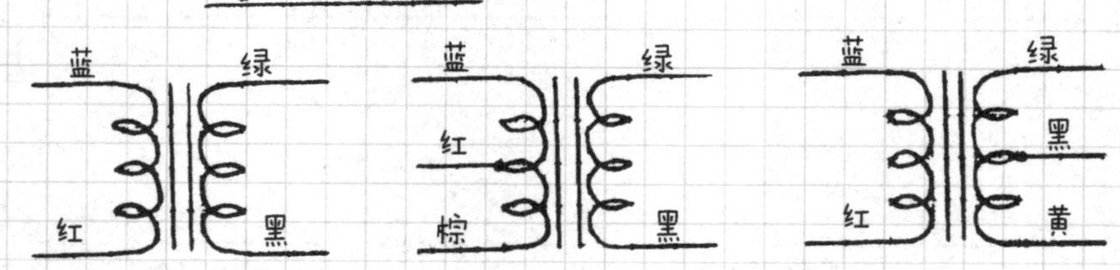

电源：黑色线为未用一次连接，绿色线为线圈二次输出（另外附加线圈用黄、褐、深蓝灰色线）；红线为高压二次输出。颜色可能会有所不同。

注意：这些是EIA推荐的颜色。具体参见变压器规格以验证代码是否对应。

1.5 电子学术语的缩写

AC——交流电

AF——音频

AFC——自动频率控制

AGC——自动增益控制

AM——调幅

AMP——放大器

ANL——自动噪声限制器

ANT——天线

AVC——自动音量控制

AWG——美国线缆规格

B——晶体管基极

BC——广播

BFO——拍频振荡器

BP——带通

C——晶体管集电极

CAL——校准

CAP——电容

CB——民用波段

CKT——电路

CLK——时钟

CRT——阴极射线管

C/S——每秒的周期数

CT——中心抽头

CW——连续波

CY——周期

℃——摄氏度

D——场效应晶体管的漏极

dB——分贝

DBLR——倍增

DC——直流电

DEG——度

DEMOD——解调

DF——测向器

DPDT——双刀双掷开关

DPST——双刀单掷开关

DSB——双边带

E——晶体管发射极

EM——电磁

EMF——电动势

EMP——电磁脉冲

ERP——有效辐射功率

F——频率

℉——华氏度

FDBk——反馈

FET——场效应晶体管

FF——双稳态多谐振荡器

FIL——灯丝

FM——调频

FREQ——频率

FSC——满刻度

FWHM——半峰全宽

G——场效应晶体管的栅极

Ga——高斯

GND——接地

HF——高频

HiFi——高保真

HV——高压

Hz——赫兹

I——电流

IC——集成电路

IMPD——阻抗

IR——红外线

JFET——结型场效应晶体管

kWh——千瓦时

LED——发光二极管

LP——低通

LSI——大规模集成电路

MA——毫安

MIC——话筒

MOS——金属氧化物半导体

MOSFET——金属氧化物半导体场效应晶体管

NC——未连接

NEG——负

NF——噪声系数

NO——常开

NOM——额定

NPN——负-正-负

OP AMP——运算放大器

OSC——振荡器

OUT——输出

PAM——脉幅调制

PC——印制电路板

PCM——脉冲编码调制

PDM——脉冲持续时间调制

pF——皮法

PFM——脉冲频率调制

Pk——峰值

PLL——锁相环

PNP——正-负-正

POS——正

POT——电位器

PREAMP——前置放大器

PRI——优先级

PRV——峰值反向电压

PVC——聚氯乙烯

PWR——电源

PWR SUP——供电

PZ——压电

Q——质量指标

QTZ——石英

R——电阻

RAD——弧度

RC——（电）阻（电）容

RCDR——录音机

RCV——接收

RCVR——接收器

RECHRG——再充电

RECT——整流器

REF——引用

RF——射频

RFC——无线电频率阻塞

RFI——无线电频率干涉

RL——电阻电感

RLC——电阻电感电容

RLY——补充

RMS——方均根

RMT——遥控器

ROT——旋转

RPM——每分钟转数

RPS——每秒转数

RTTY——无线电报

RY——延迟

S——场效应晶体管的源极

SB——边带

SCR——可控硅整流器（现称为晶闸管）

SEC——二次

SERVO——伺服机构

SHLD——护罩

SIG——信号

SRN——信噪比

SPDT——单刀双掷开关

SPKR——扬声器

SPST——单刀单掷开关

SQ——平方

SSB——单边带

SUBMIN——超小型

SW——短波

SWL——收听短波

SWR——驻波比

SYM——标记

T——时间

TACH——转速表

TEL——电话

TELECOM——电信

TEMP——温度

TERM——终端

TRF——无线电频率

TTL——晶体管-晶体管逻辑

TVI——电视干扰

UHF——超高频

UJT——单结晶体管

UTC——协调世界时

V——电压

VAC——真空；交流电压

VC——音圈

VCO——电压控制振荡器

VF——可变频率

VHF——甚高频

VID——视频

VLF——超低频

VOL——卷；音量；体积

VOM——伏特-欧姆表

VT——真空管

VOX——声控发射机

W——瓦特

WhM——瓦时表

WV——工作电压

X——电抗

XMTR——传导物

Z——阻抗

1.6 基本电子电路

1. 半波整流电路

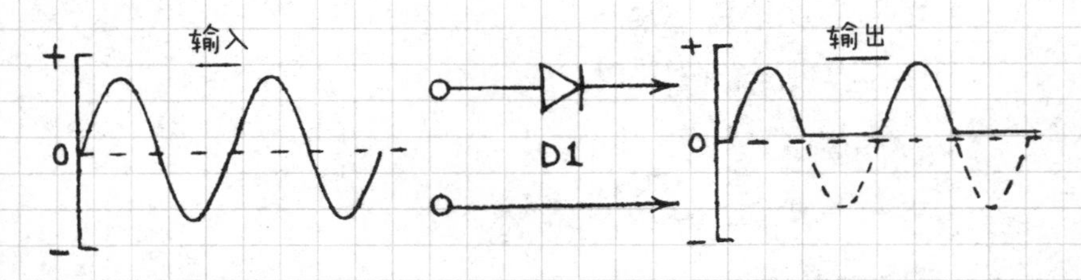

D1 的额定电压必须大于输入电压.

2. 全波整流电路

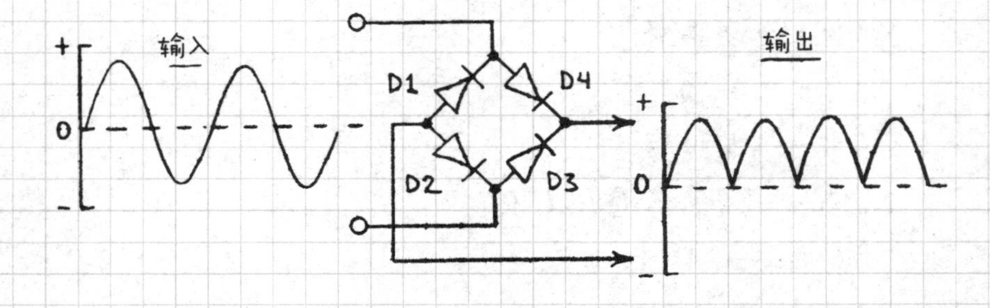

D1 ~ D4 的额定电压必须大于输入电压。使用单独的二极管或整流模块。

3. 倍压电路

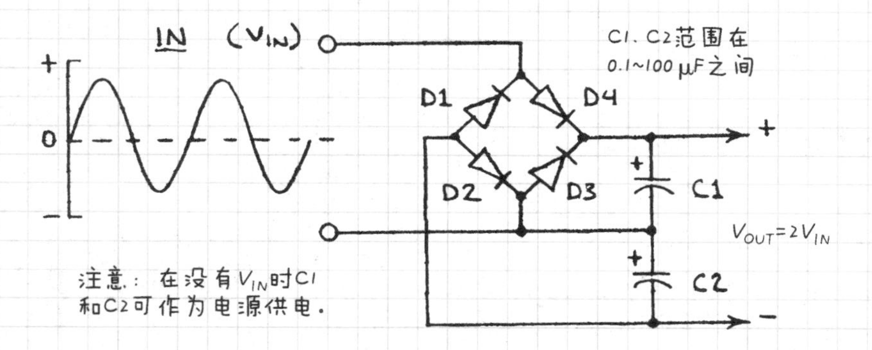

D1 ~ D4、C1 和 C2 的额定电压必须至少为输入电压的两倍。

4. 基本的 LED 驱动电路

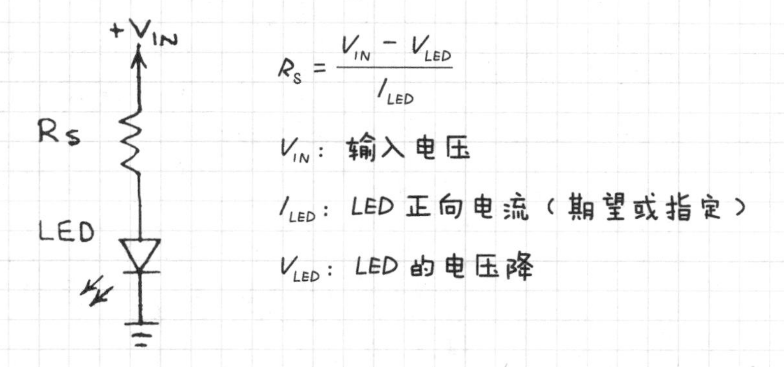

$$R_S = \frac{V_{IN} - V_{LED}}{I_{LED}}$$

V_{IN}：输入电压

I_{LED}：LED 正向电流（期望或指定）

V_{LED}：LED 的电压降

例：假设 $V_{IN}=9V$，$V_{LED}=1.7V$。计算在 $I_{LED}=20mA$ 时 R_S 为多少。

$$R_S = \frac{9-1.7}{0.02} = 365\Omega$$ （可以使用最接近的标准值）

5. 逻辑门 LED 驱动电路

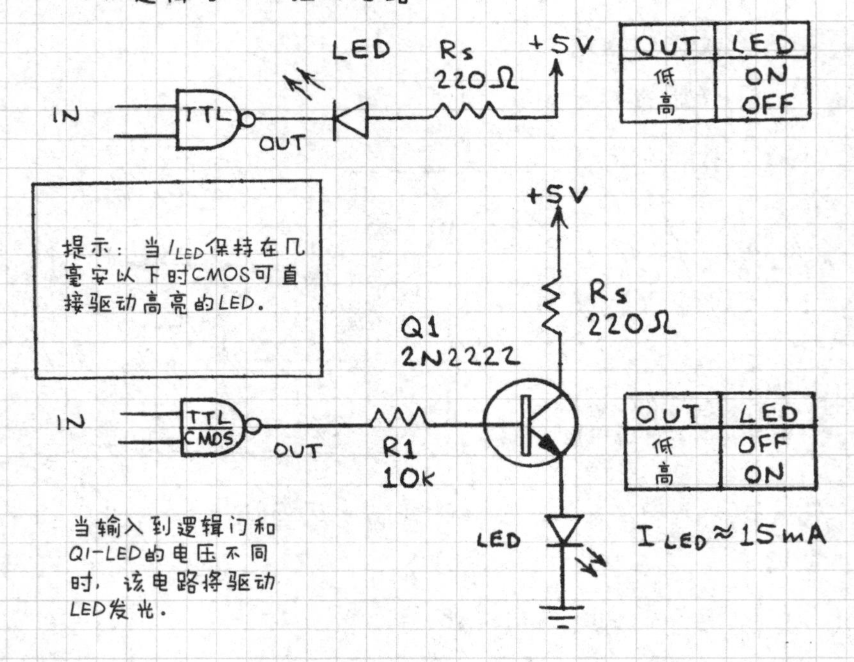

6. 反相放大电路

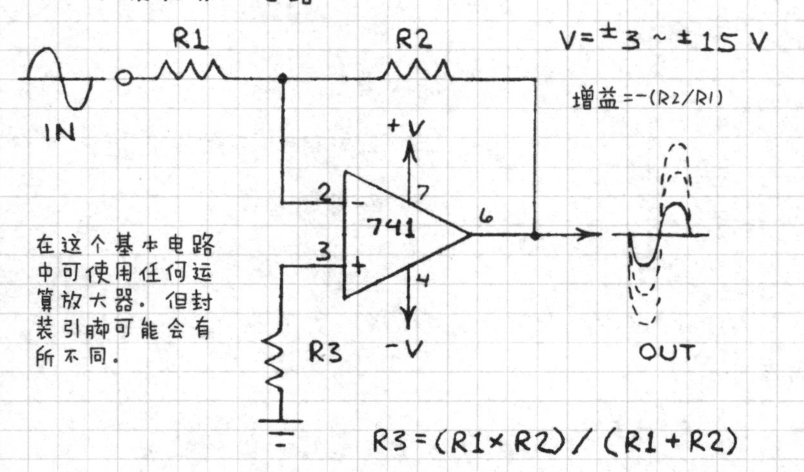

例：如果 R1 = 4700Ω，R2 = 47000Ω，那么增益就等

于 −（47000/4700）也就是 −10。R3 = 4273Ω（使用最接近的标准值）。

7. 同相放大电路

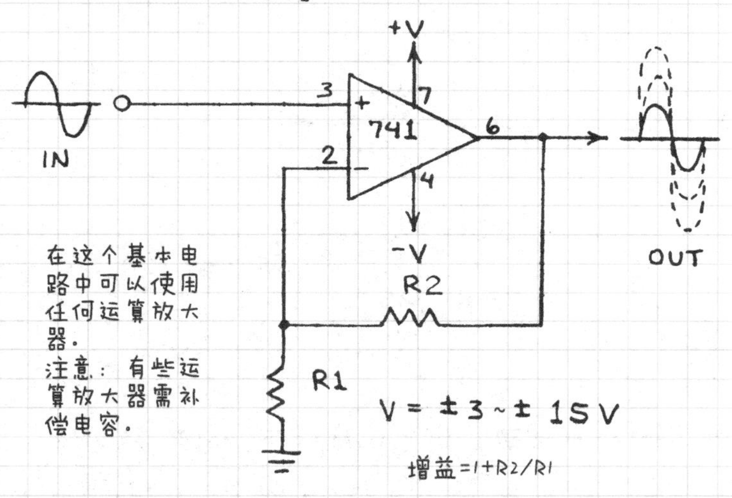

例：如果 R1 = 4700Ω，R2 = 47000Ω，那么增益就等于 1 +（47000/4700）也就是 11。

8. 电压-电流转换电路

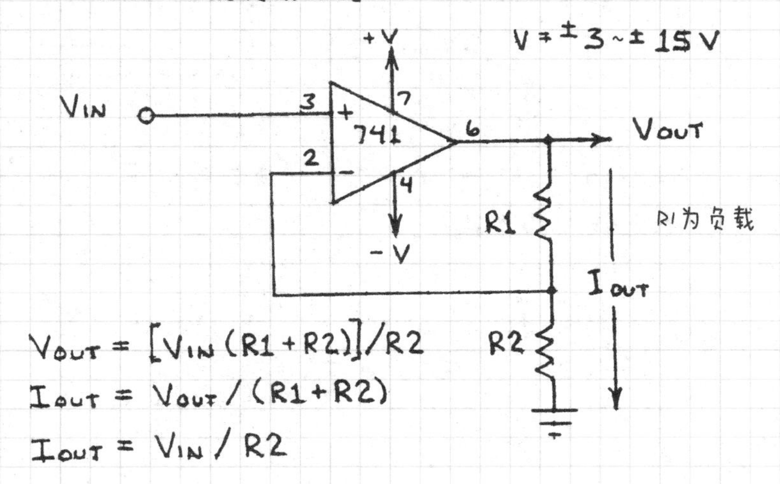

例：假定 R1 是一个电阻和 LED 的组合，其总电阻为 1000Ω，R2 为 470Ω。当 V_{IN} = 5V 时，通过 LED 的电流（I_{OUT}）为 10.6mA。

9. 电流-电压转换电路

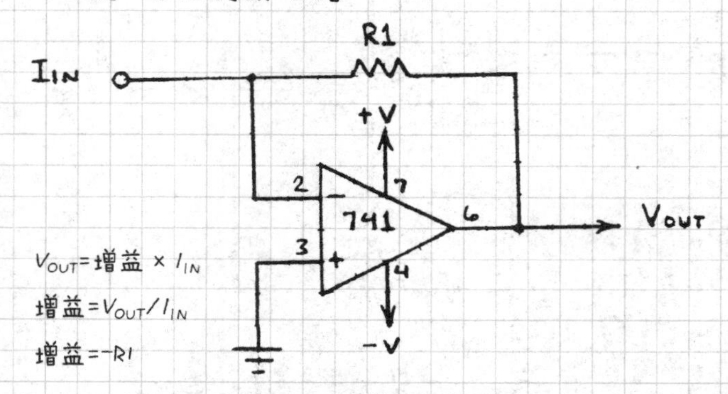

例：假定一个光敏二极管连接提供 1mA 电流的 I_{IN}。如果 R1 = 1000Ω，那么 V_{OUT} = −（1000 ×0.001）= −1V。

10. 反相比较电路

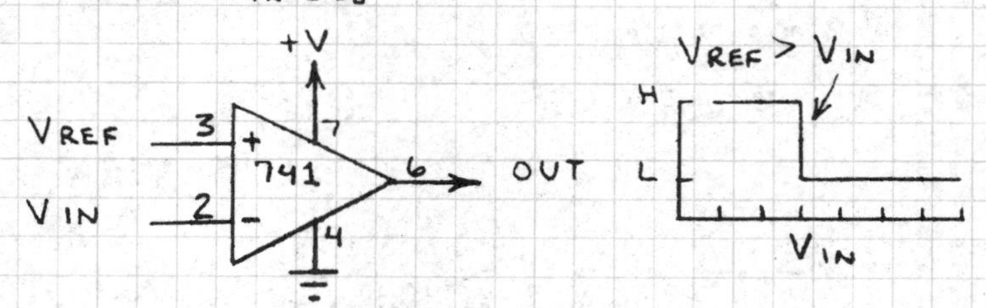

当 V_{REF} 大于 V_{IN} 时，输出从高电平变为低电平。

11. 非反相比较电路

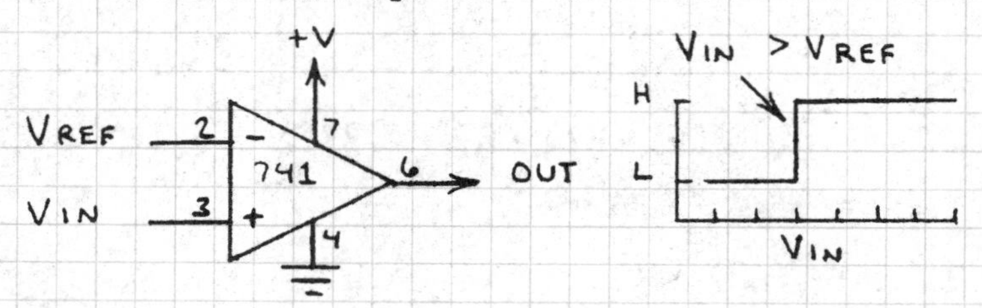

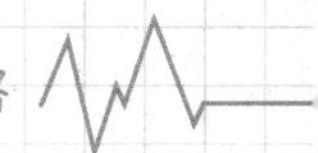

当 V_{IN} 大于 V_{REF} 时，输出从低电平变为高电平。

12. 窗口比较电路

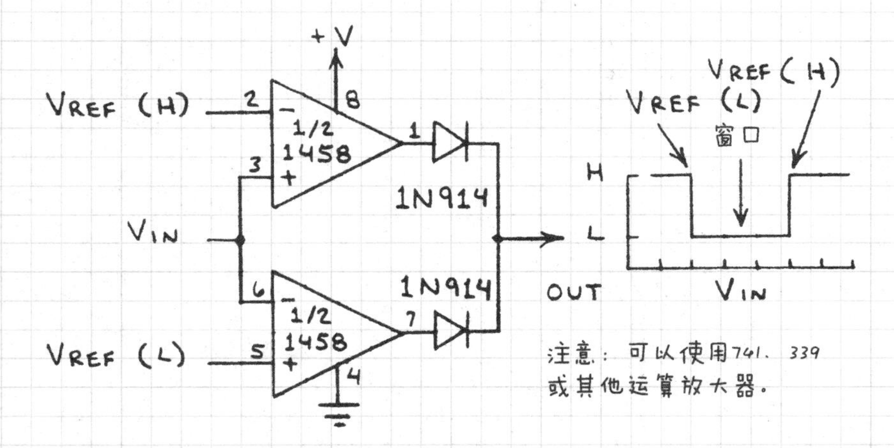

13. 计时器电路

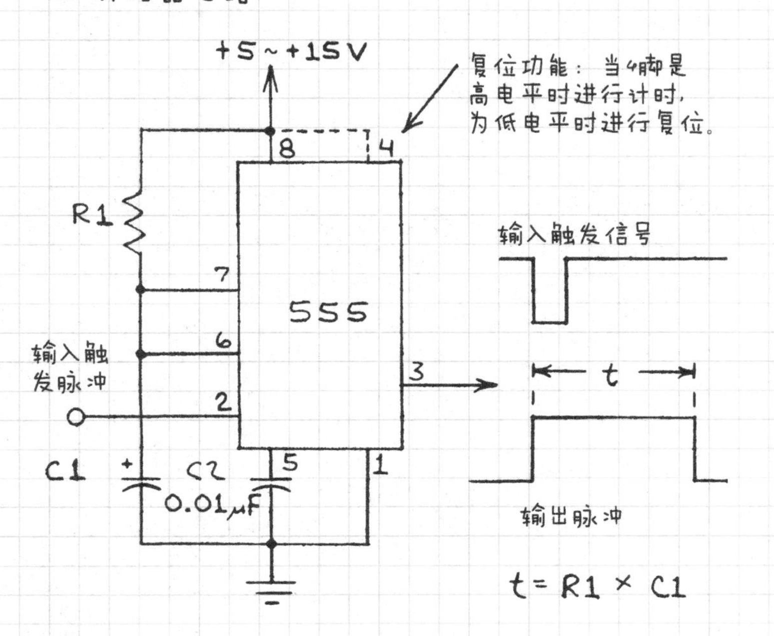

14. 脉冲发生电路

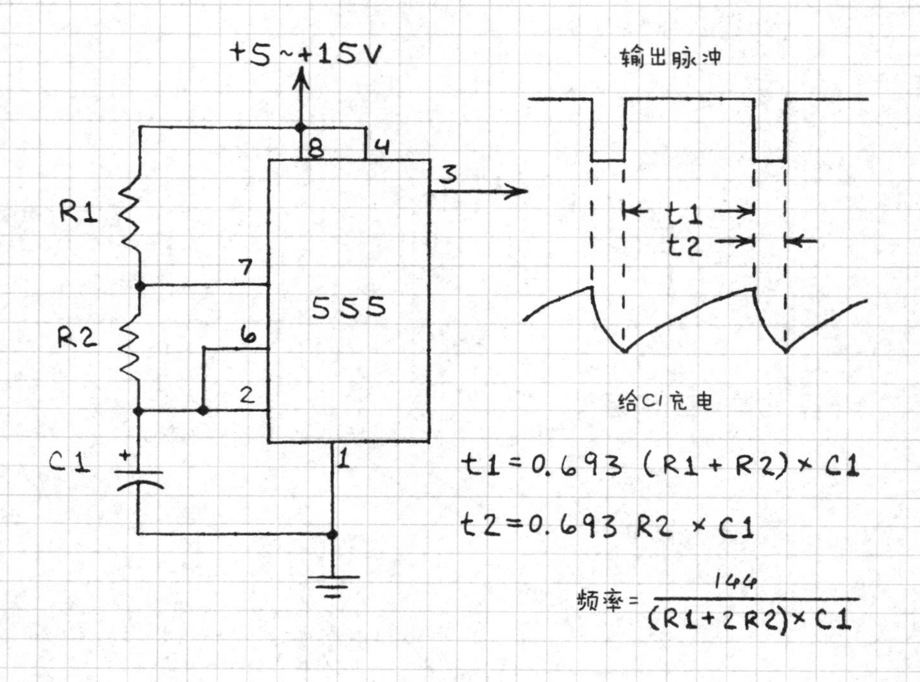

1.7 基本逻辑电路

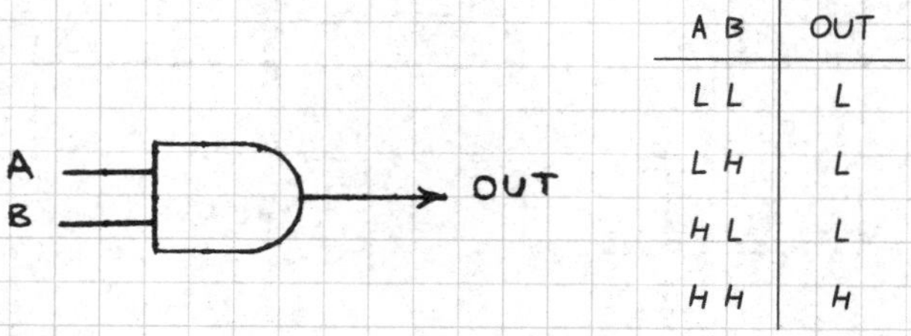

A B	OUT
L L	L
L H	L
H L	L
H H	H

与非门

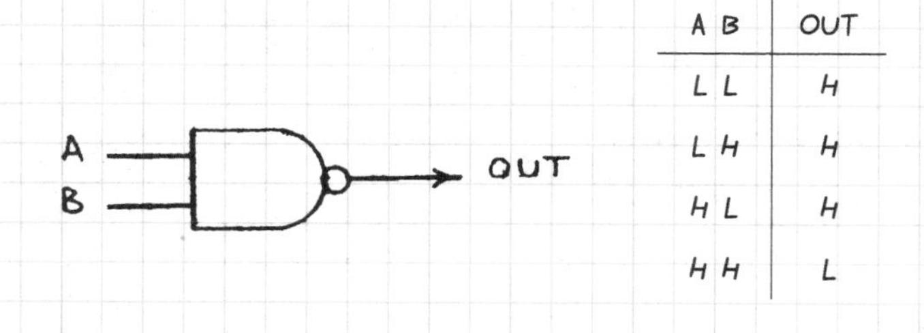

A	B	OUT
L	L	H
L	H	H
H	L	H
H	H	L

或门

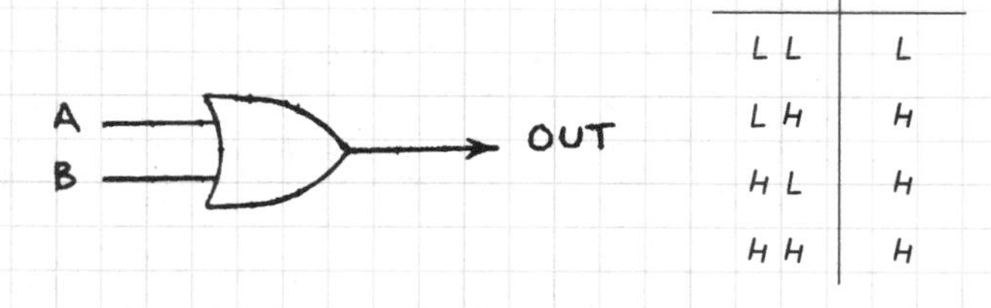

A	B	OUT
L	L	L
L	H	H
H	L	H
H	H	H

或非门

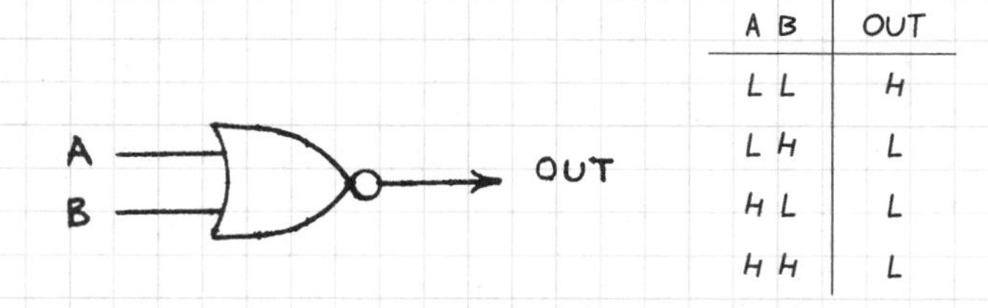

A	B	OUT
L	L	H
L	H	L
H	L	L
H	H	L

异或门

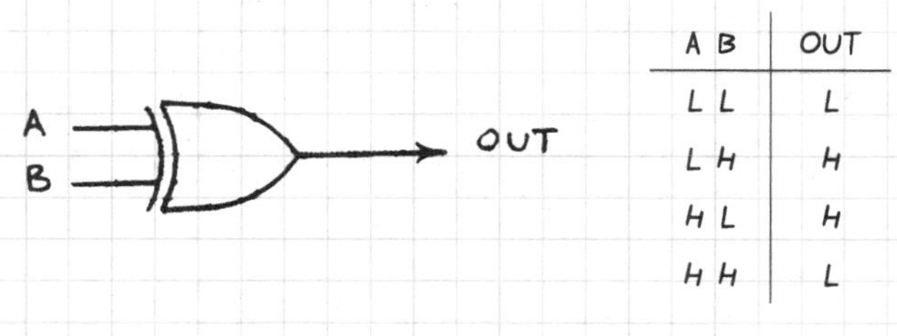

A	B	OUT
L	L	L
L	H	H
H	L	H
H	H	L

同或门

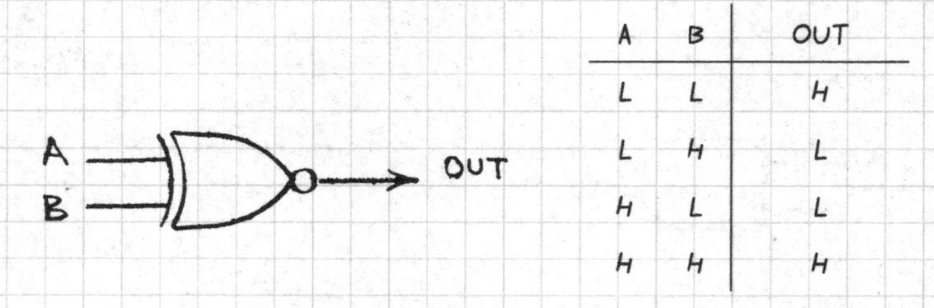

A	B	OUT
L	L	H
L	H	L
H	L	L
H	H	H

缓冲器（三态缓冲器）

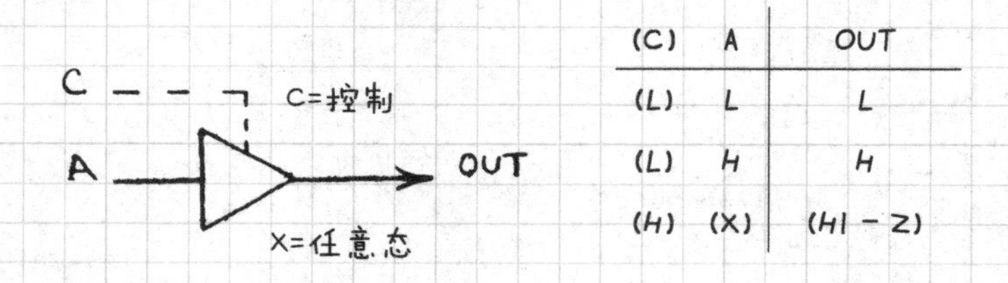

(C)	A	OUT
(L)	L	L
(L)	H	H
(H)	(X)	(HI－Z)

逆变器（三态逆变器）

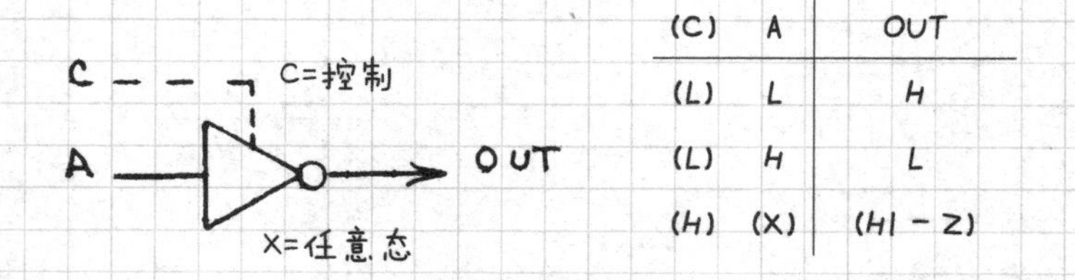

(C)	A	OUT
(L)	L	H
(L)	H	L
(H)	(X)	(HI－Z)

三态总线

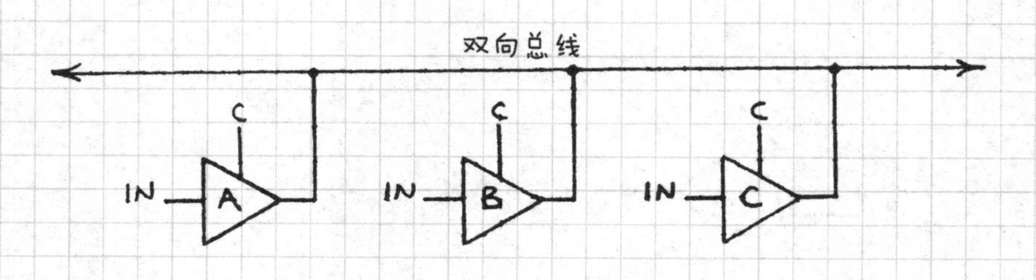

通常计算机都带有三态总线。

控制			门输出
A	B	C	到总线
L	H	H	A
H	L	H	B
H	H	L	C
H	H	H	无

RS触发器（锁存器）

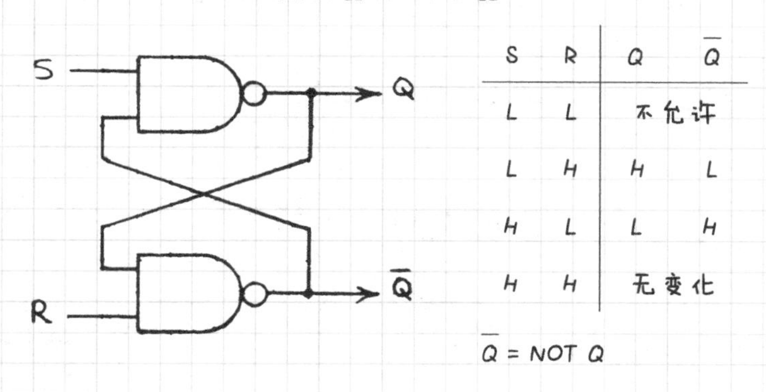

S	R	Q	$\overline{Q}$
L	L	不允许	
L	H	H	L
H	L	L	H
H	H	无变化	

$\overline{Q}$ = NOT Q

时钟RS触发器

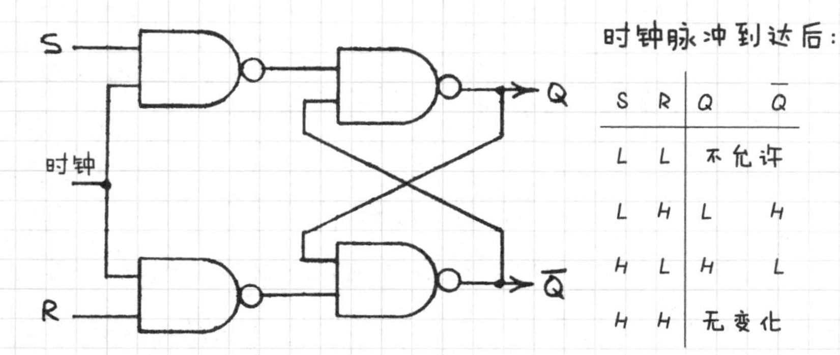

时钟脉冲到达后：

S	R	Q	$\overline{Q}$
L	L	不允许	
L	H	L	H
H	L	H	L
H	H	无变化	

JK触发器

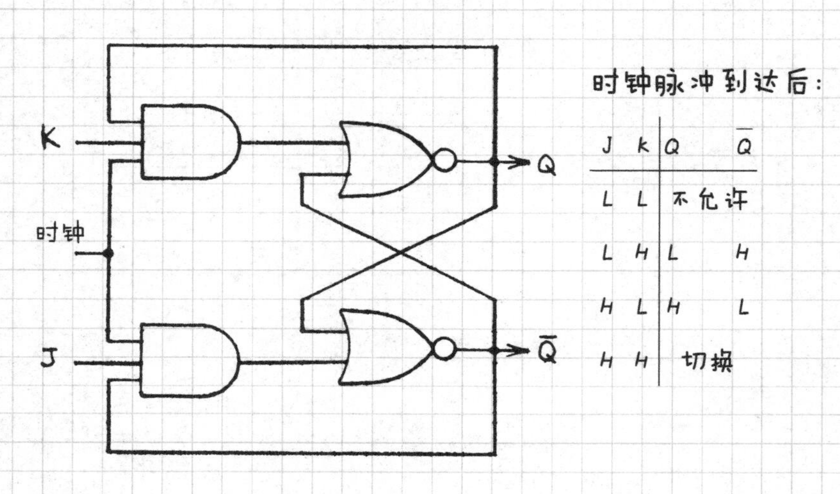

J	K	Q	$\overline{Q}$
L	L	不允许	
L	H	L	H
H	L	H	L
H	H	切换	

D（数据或延迟）触发器

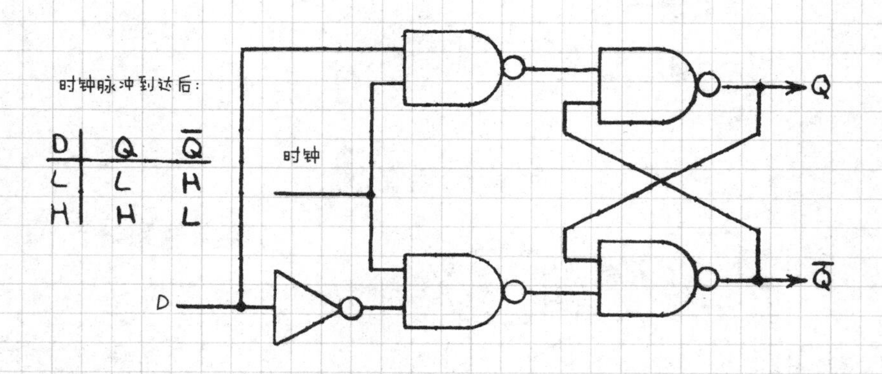

D	Q	$\overline{Q}$
L	L	H
H	H	L

T（切换）触发器

当输入脉冲时 Q(和$\overline{Q}$)都会进行翻转。因此输出的波形周期为原来的 2 倍。

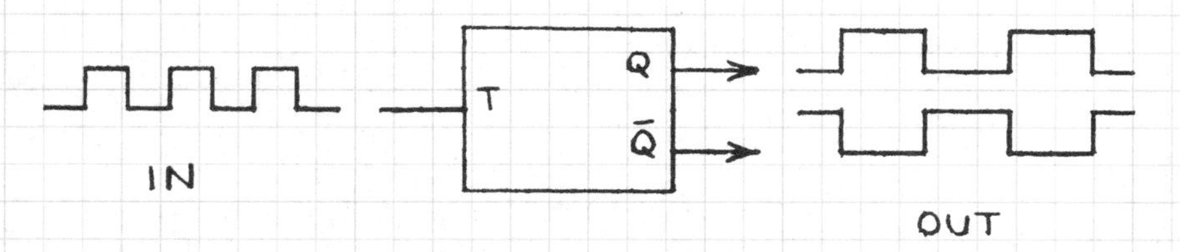

T触发器的链用来做二进制计数器。当J和K输入保持高电平并且输入脉冲为时钟脉冲时，JK触发器起T触发器的作用。

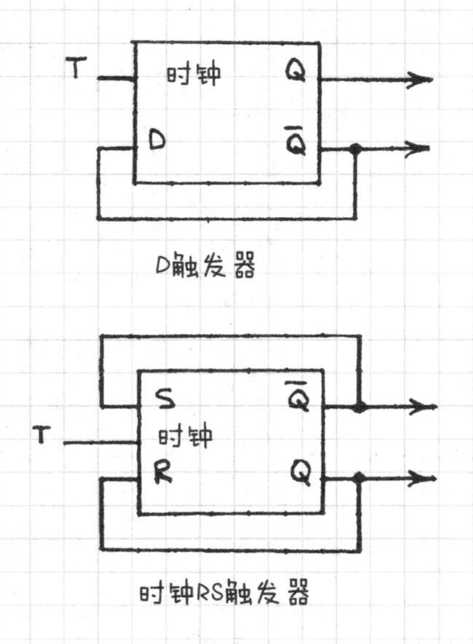

D触发器

时钟RS触发器

1.8 电源

电池

符号

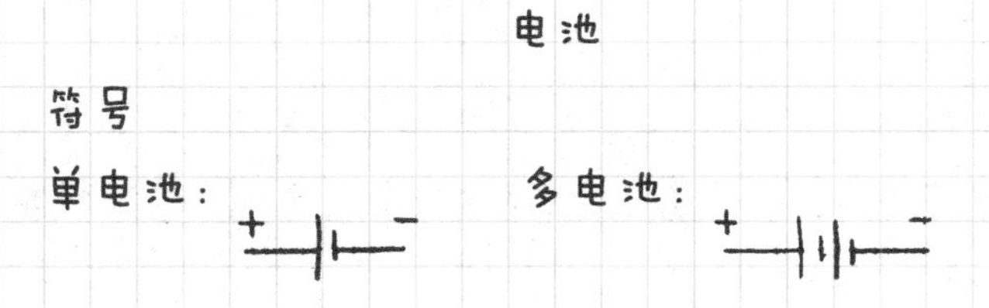

连接方式

串联：

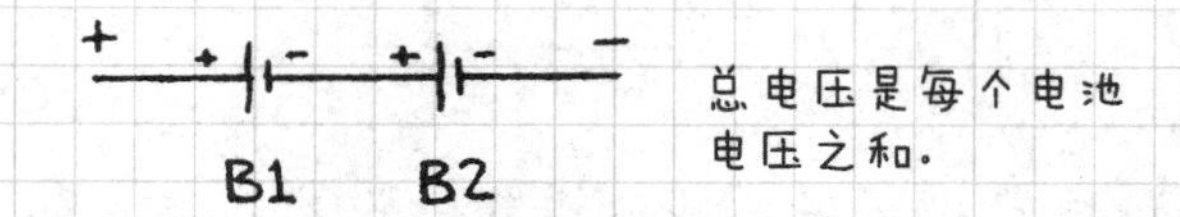

并联：

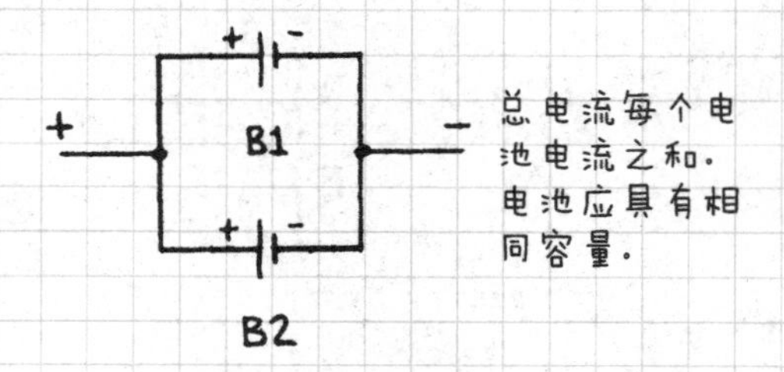

双极：

为运算放大器供电。

蓄电池

蓄电池能多次充放电。标准类型：

铅酸电池，每节具有 2.0V 电压，工作电流上限较高。低温性能好。

镍镉电池（NICAD），每节具有 1.2V 电压。电量用尽的状况下长时间闲置后仍可使用。多种样式可以选择，且经济效益很高。

原电池

原电池不可充电。可供使用的主要类型如下：

碳锌电池，每节具有1.5V电压，易得且低成本。

氯化锌电池，每节具有1.5V电压，其所存储的能量是碳锌电池的两倍。

碱性电池，每节具有1.5V电压，用于含有大电流负载的电路（电动机、发热灯等）中。

水银电池，每节具有1.35V和1.4V两种类型的电压，放电时电压平稳。

氧化银电池，每节具有1.5V电压，放电时电压相对平稳。

锂锰电池，每节具有3.0V电压，超长存储寿命，极高能量密度。

电池的注意事项

1. 不要给原电池充电。

2. 电池受热容易爆炸。

3. 不要将电池直接焊接在电路上，使用电池夹或电池仓。

4. 永远不要将电池的正负极短路。

5. 多数电池在不使用时应从设备中取出。蓄电池和锂电池是个例外。

6. 当电池引线超过大约6in时，在电路板的引线两端连接0.1μF的电容。

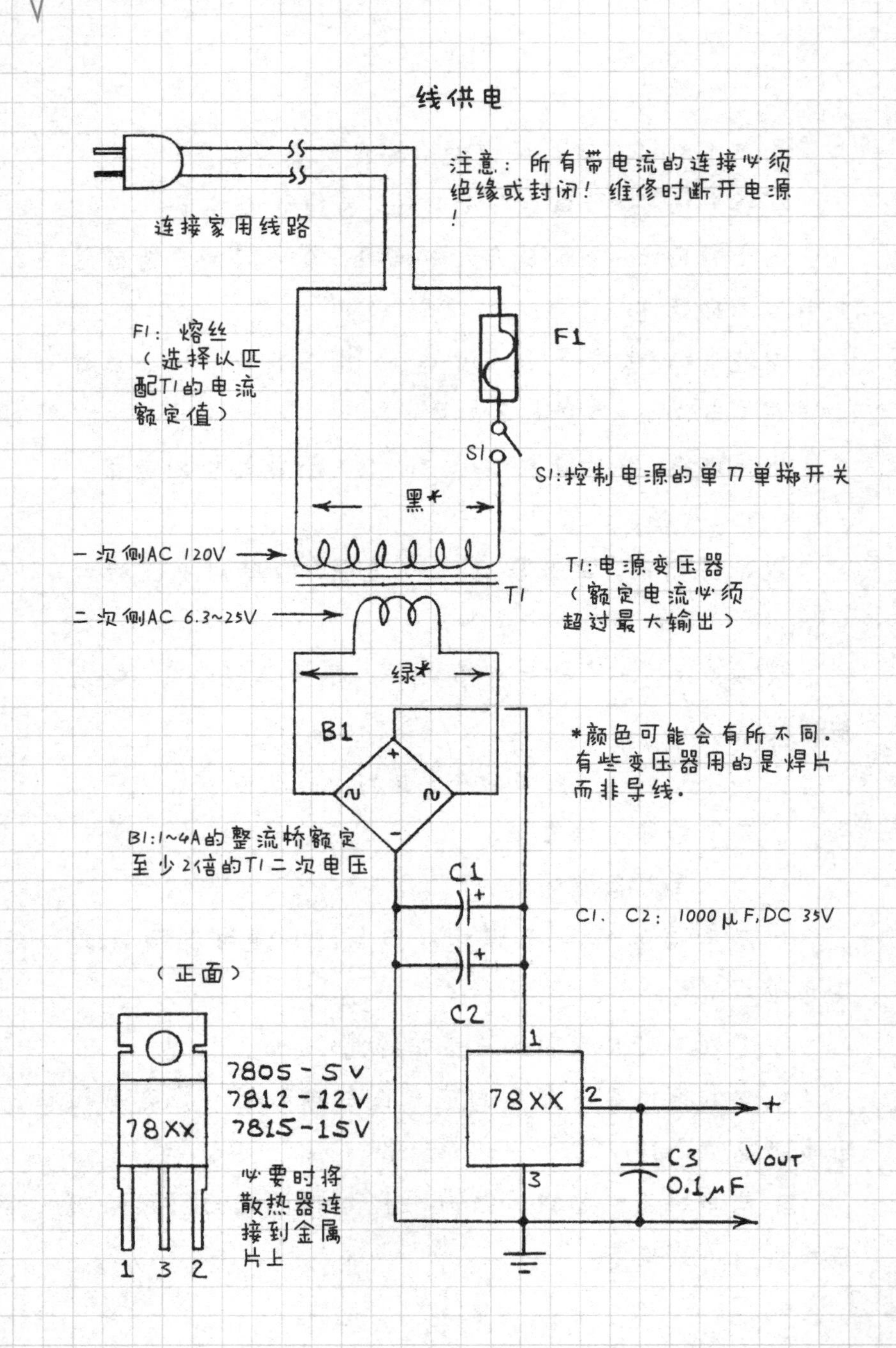
线供电
连接家用线路
注意：所有带电流的连接必须绝缘或封闭！维修时断开电源！
F1：熔丝（选择以匹配T1的电流额定值）
F1
S1
S1:控制电源的单刀单掷开关
黑*
一次侧AC 120V
T1
T1:电源变压器（额定电流必须超过最大输出）
二次侧AC 6.3~25V
绿*
B1
*颜色可能会有所不同.有些变压器用的是焊片而非导线.
B1:1~4A的整流桥额定至少2倍的T1二次电压
C1
C1、C2：1000μF,DC 35V
C2
（正面）
7805-5V
7812-12V
7815-15V
78XX
必要时将散热器连接到金属片上
1 3 2
78XX
C3
0.1μF
VOUT

2

原理图符号，器件封装，设计及检测

概述

这部分包括电子部件和电路。

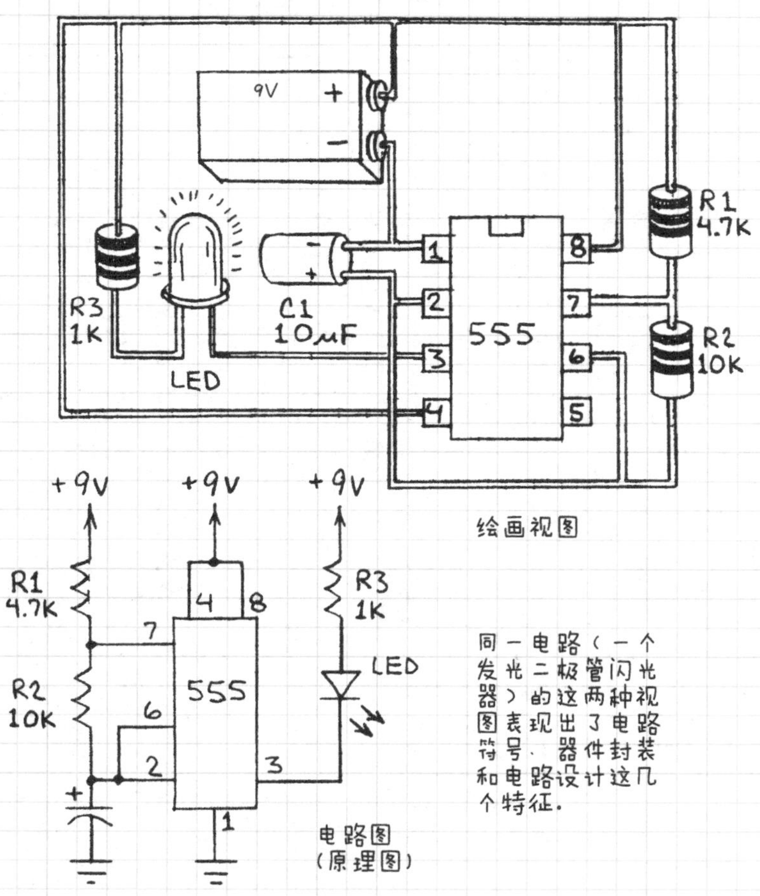

绘画视图

电路图
（原理图）

同一电路（一个发光二极管闪光器）的这两种视图表现出了电路符号、器件封装和电路设计这几个特征。

2.1 原理图符号

2.1.1 天线、连线以及电感

2.1.1.1 天线

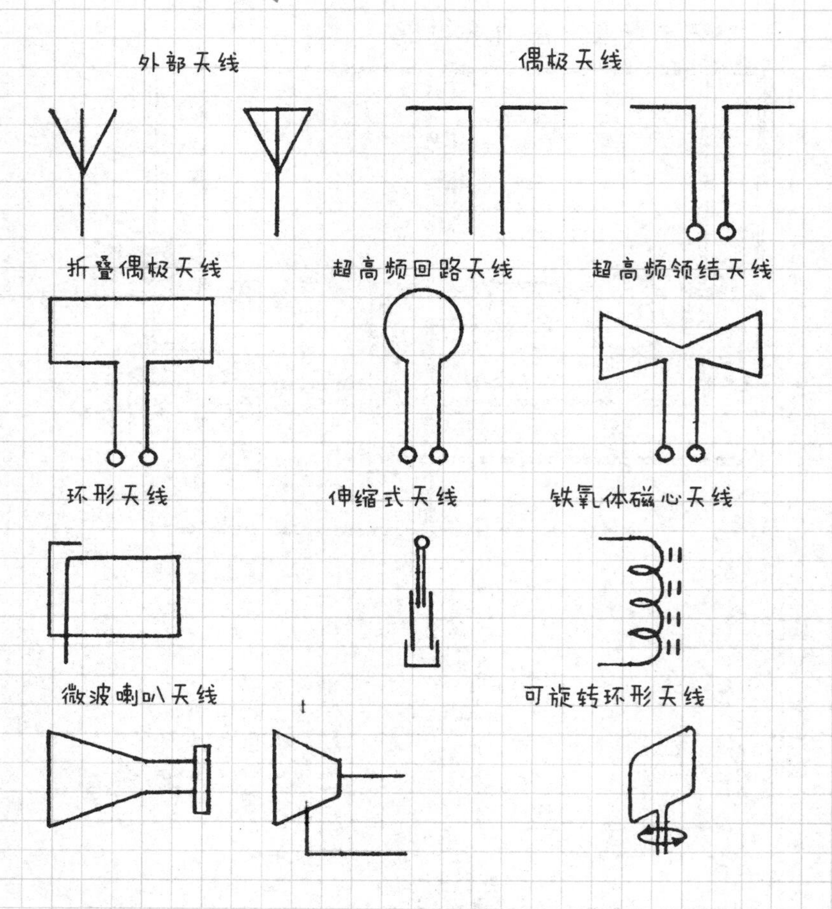

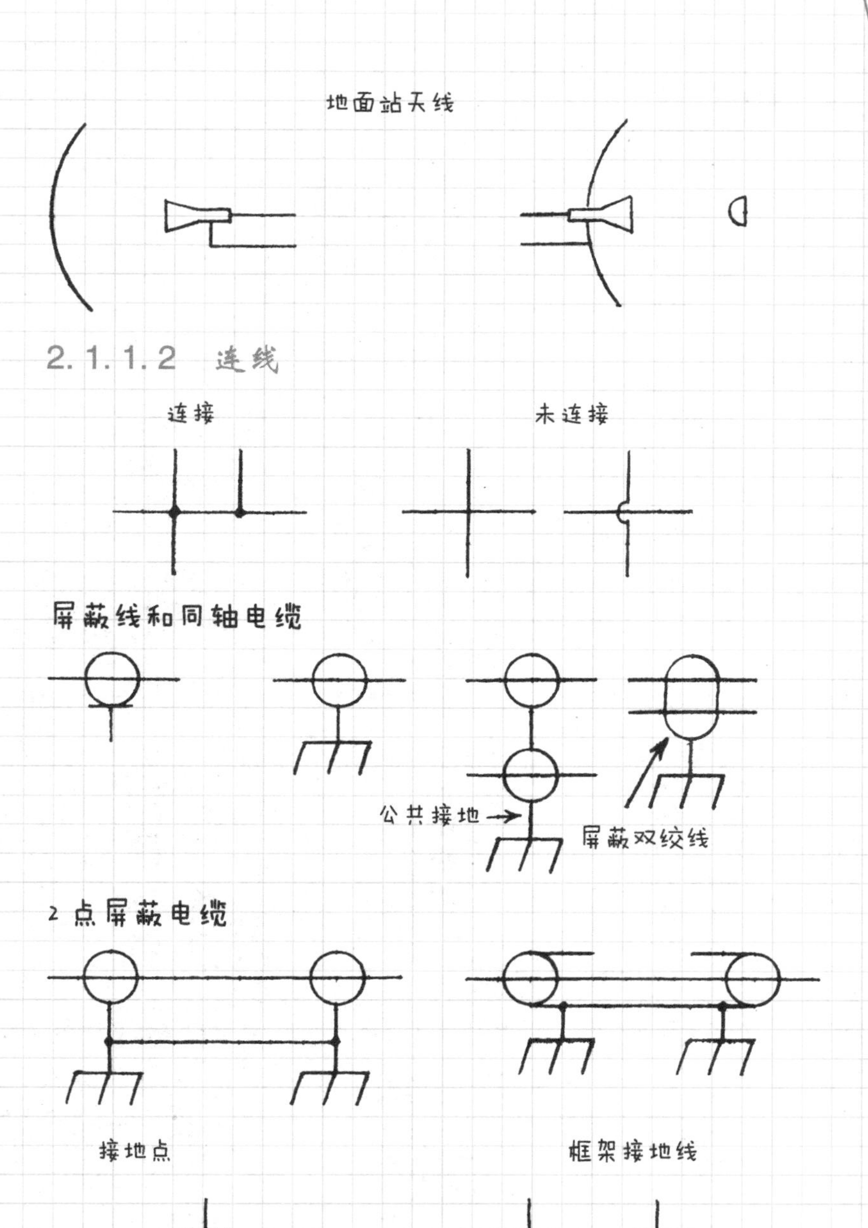

2.1.1.2　连线

公共连接点

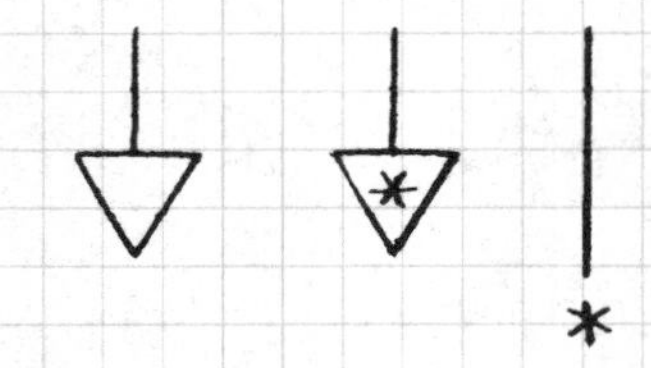

*在同一电路中使用两个或两个以上的公共连接点，并插入相应的连接点。

2.1.1.3 电感

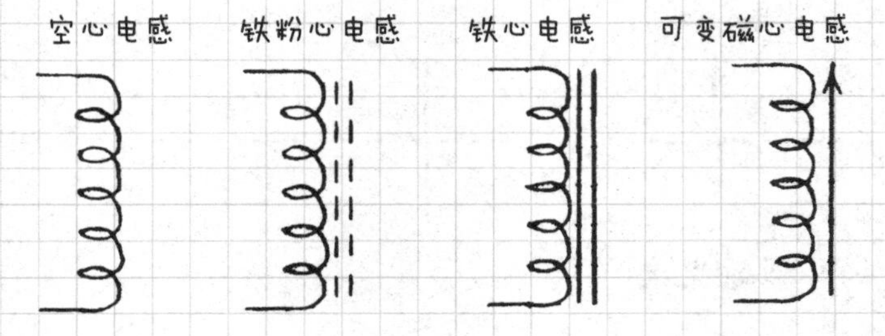

2.1.1.4 变压器

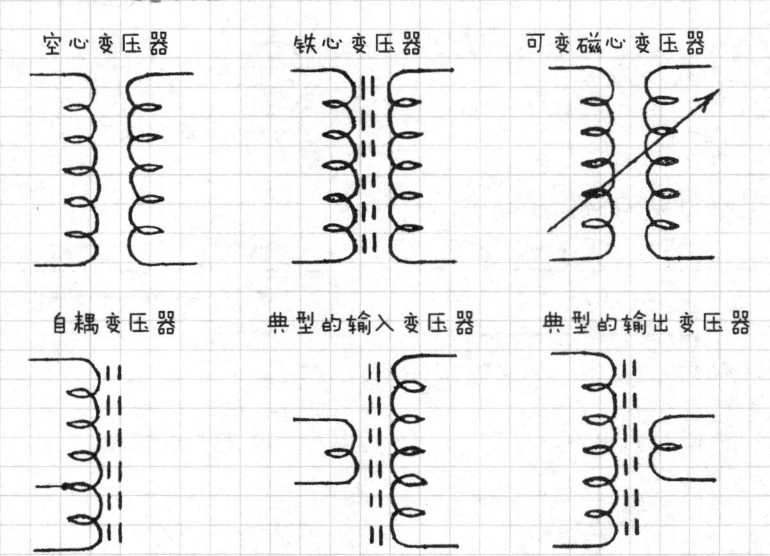

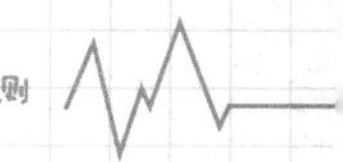

典型的电力变压器（TAPPED）

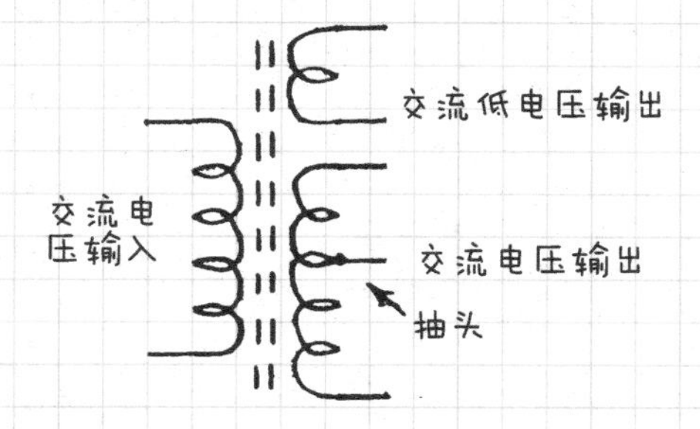

2.1.2 电源、熔丝及屏蔽

2.1.2.1 电源

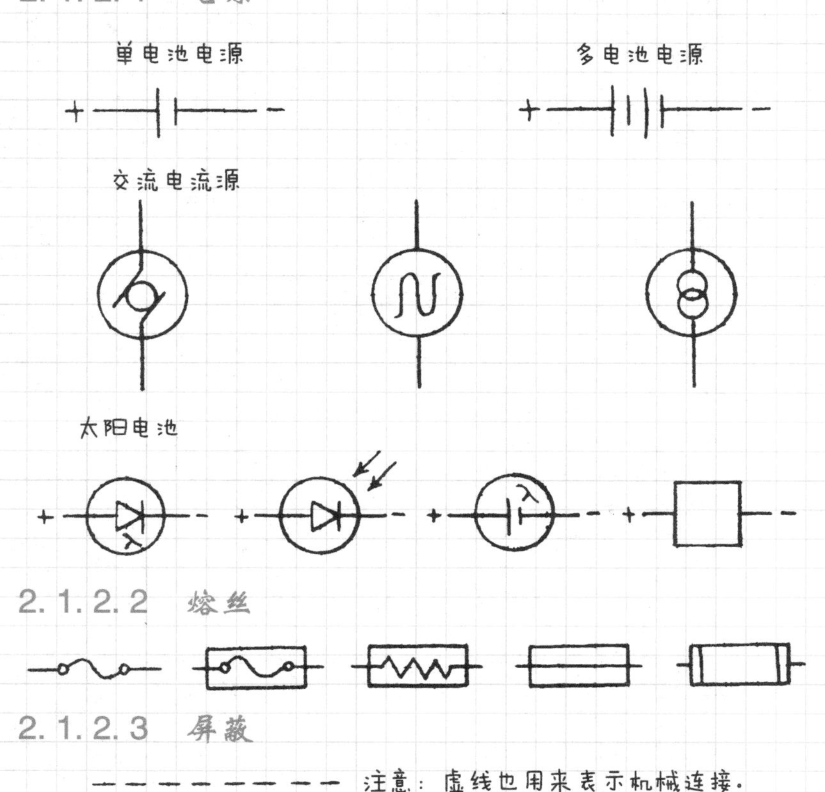

2.1.2.2 熔丝

2.1.2.3 屏蔽

注意：虚线也用来表示机械连接。

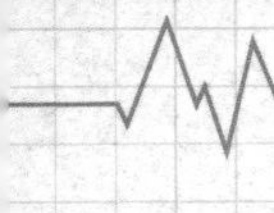

2.1.2.4 屏蔽罩

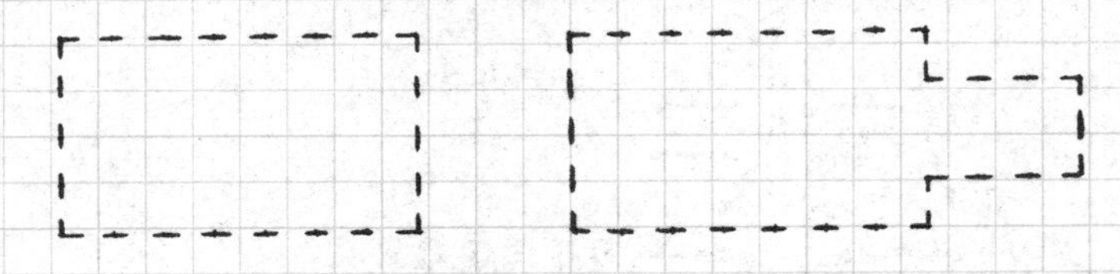

2.1.3 电子管

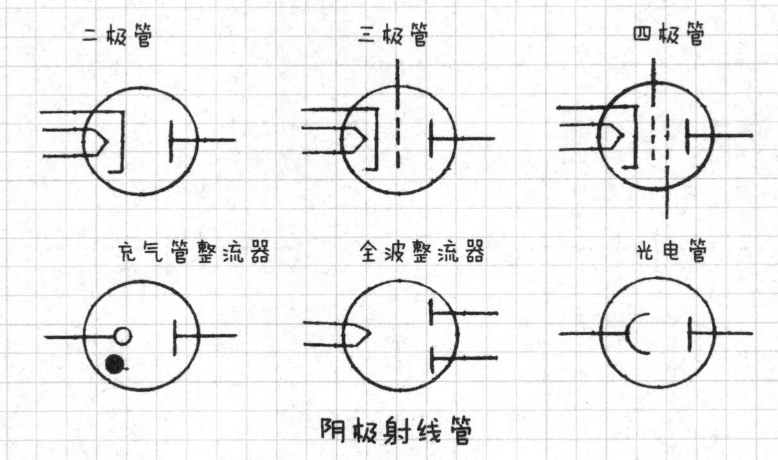

阴极射线管

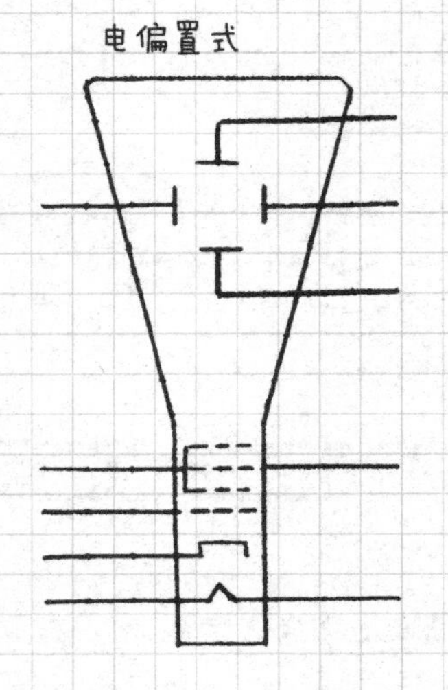

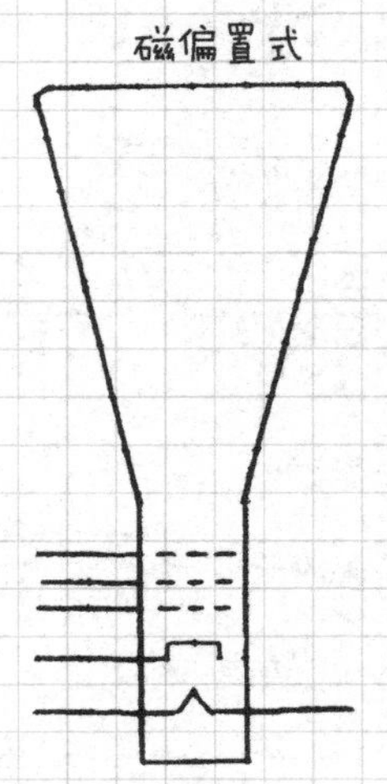

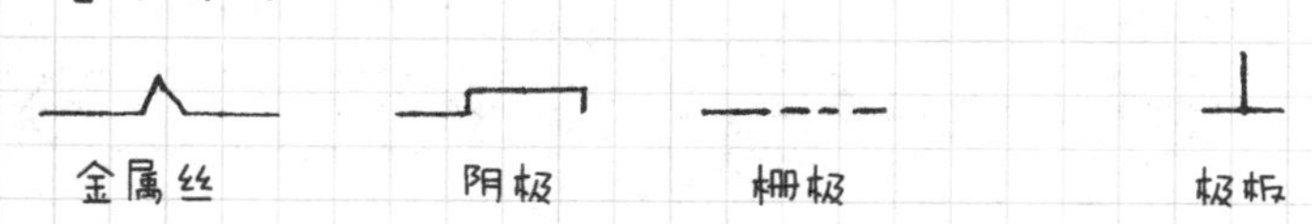

2.1.4 麦克风、扬声器以及灯

2.1.4.1 麦克风

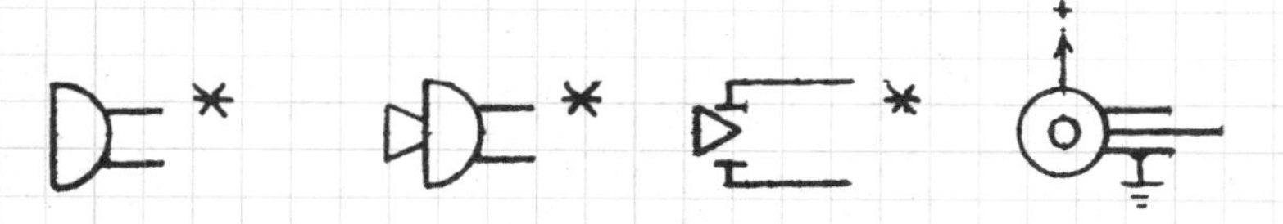

* 特定类型：（陶瓷式（ceramic）、动圈式（dynamic）、晶体压电式（crystal）等）

2.1.4.2 扬声器和耳机

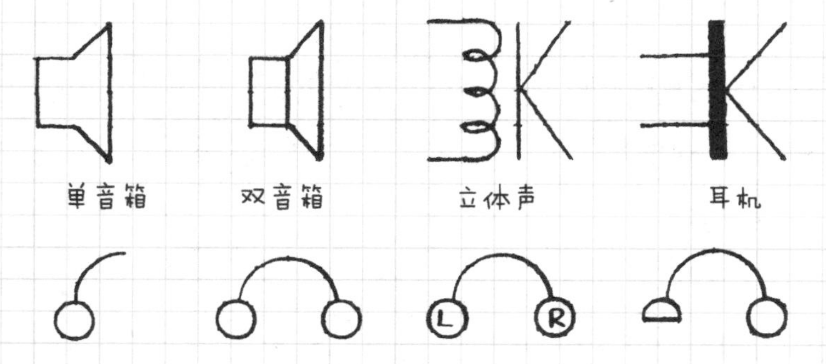

2.1.4.3 灯

白炽灯

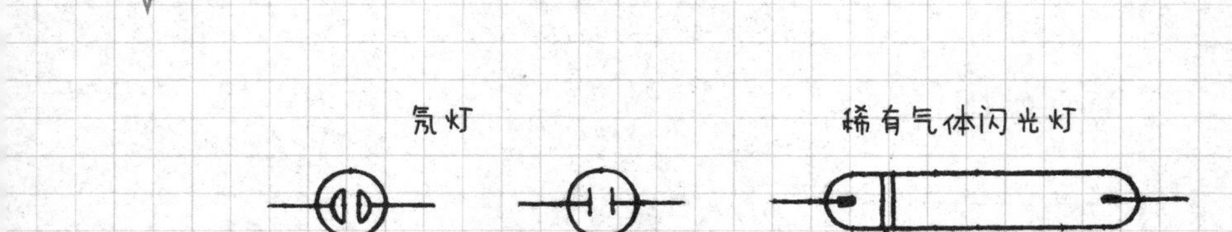

2.1.4.4 压电装置

频率控制（晶振） 单声道唱机唱头 立体声唱机唱头 蜂鸣器

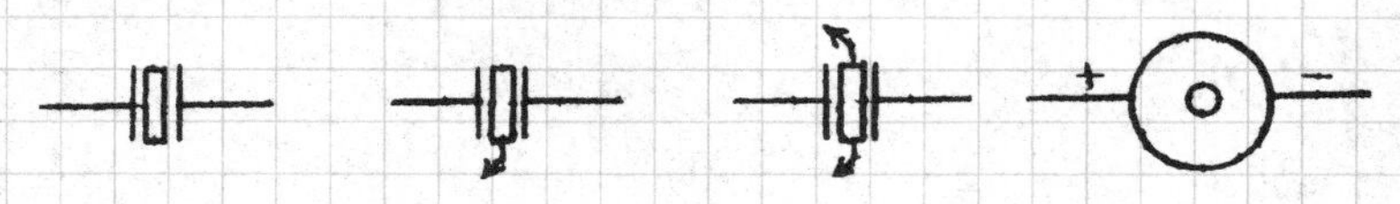

2.1.5 连接器

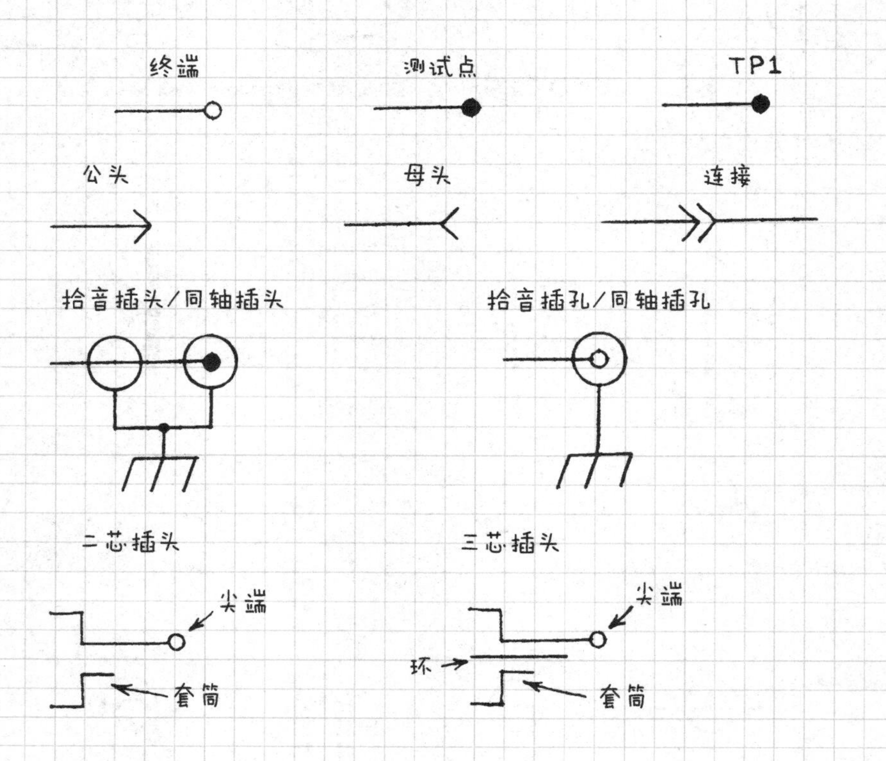

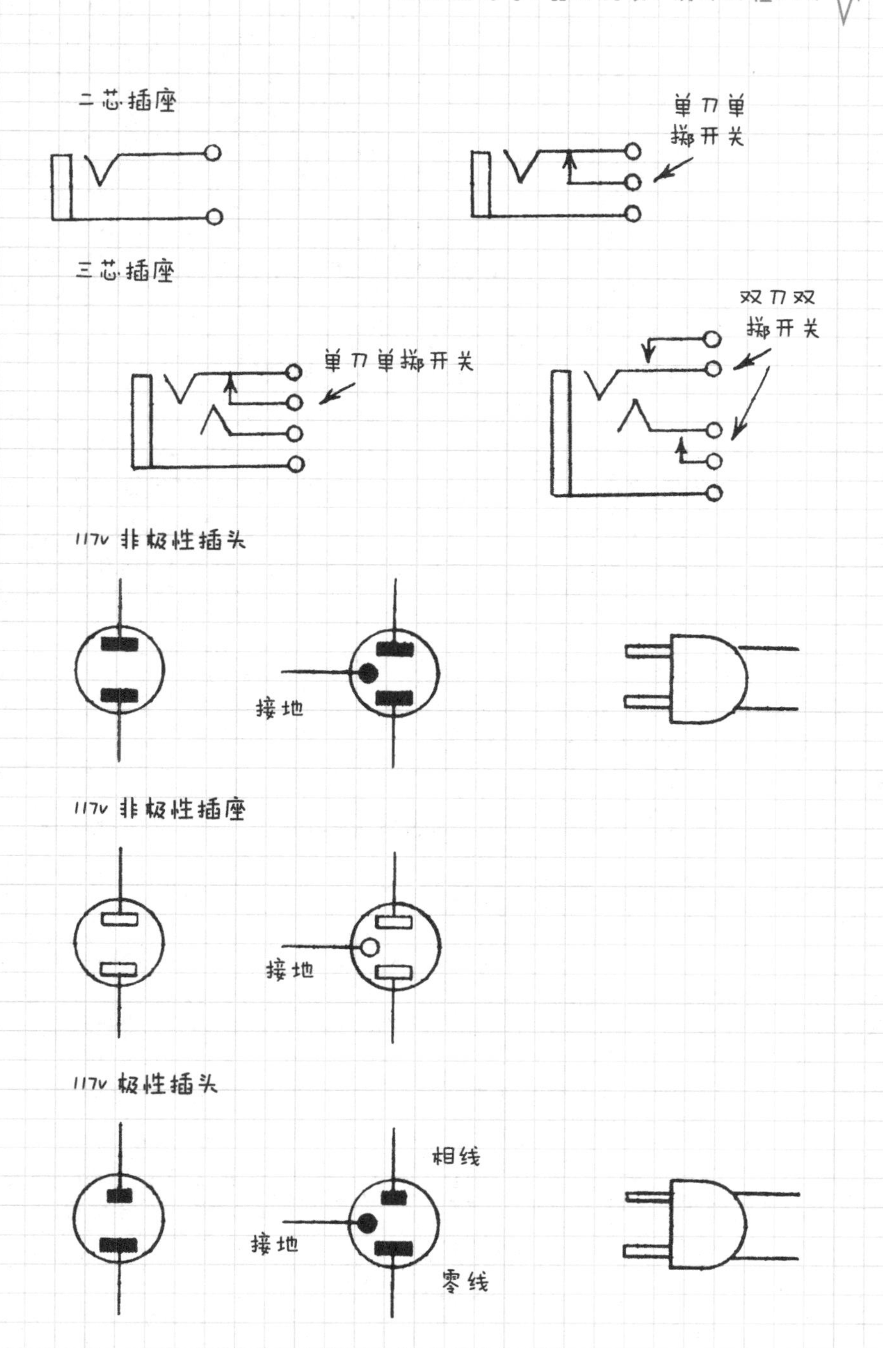
二芯插座
单刀单
掷开关
三芯插座
双刀双
掷开关
单刀单掷开关
117v 非极性插头
接地
117v 非极性插座
接地
117v 极性插头
相线
接地
零线

117V 极性插座

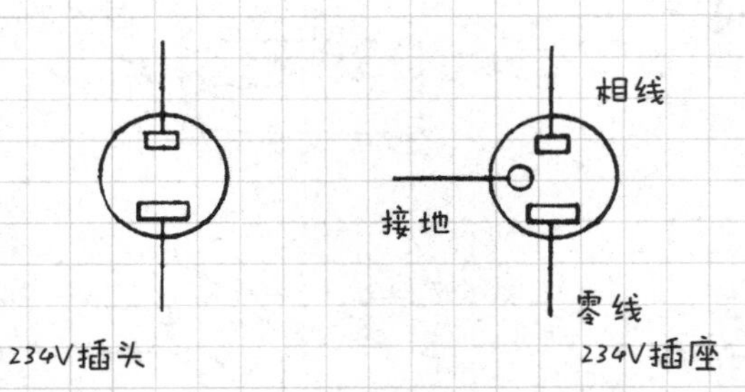

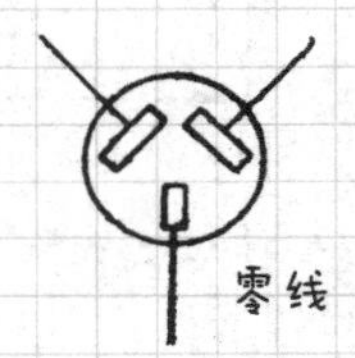

2.1.6 开关

单刀单掷（SPST）开关

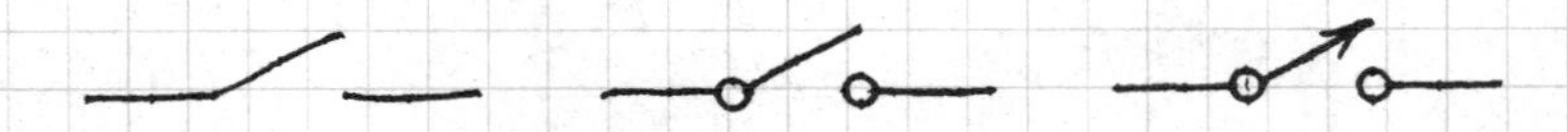

单刀双掷（SPDT）开关

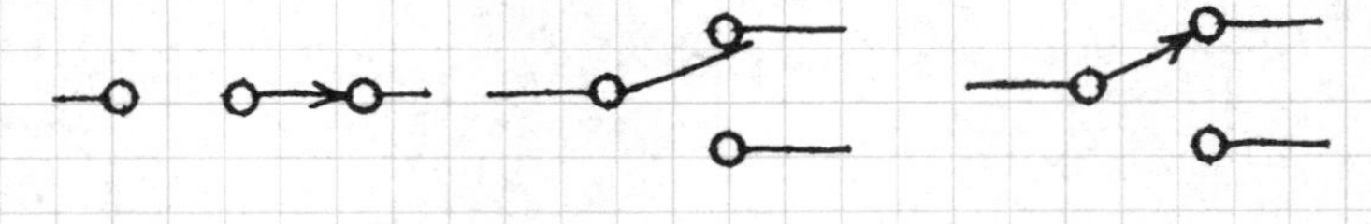

双刀单掷（DPST）开关

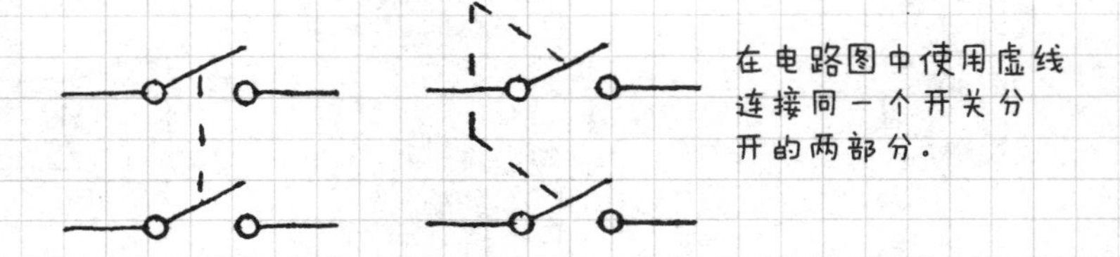

双刀双掷（DPDT）开关

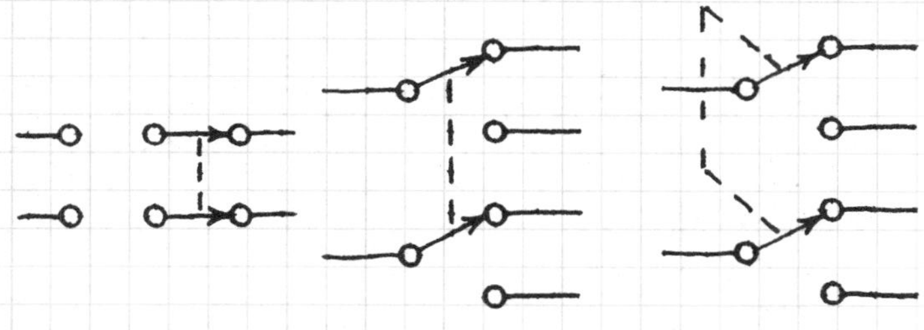

多触点旋转开关

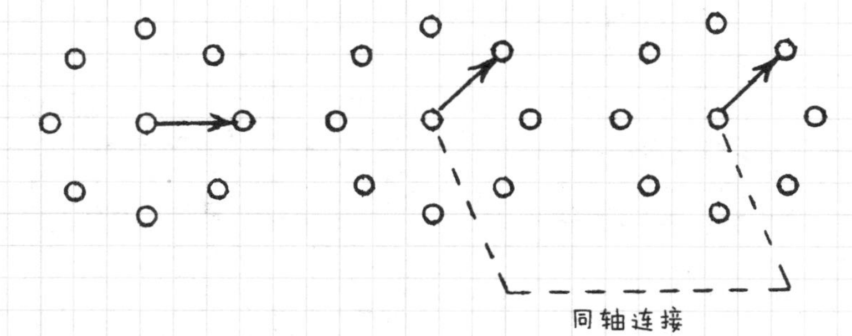

常开 SPST 开关

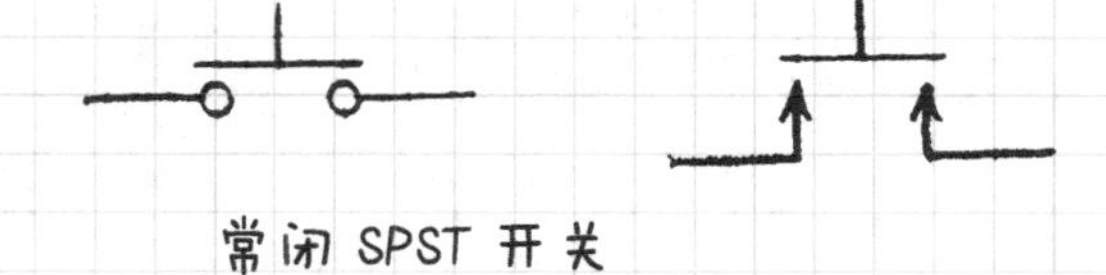

常闭 SPST 开关

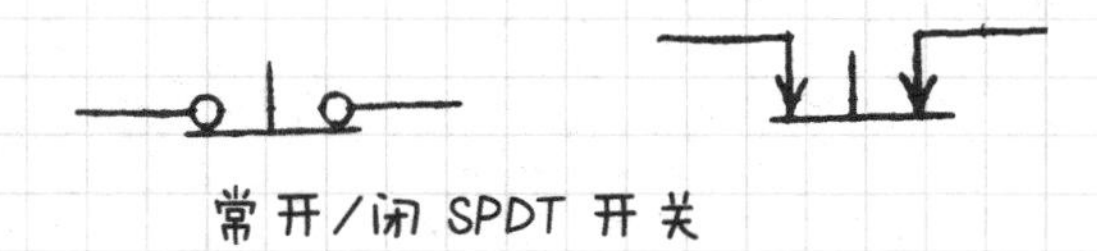

常开/闭 SPDT 开关

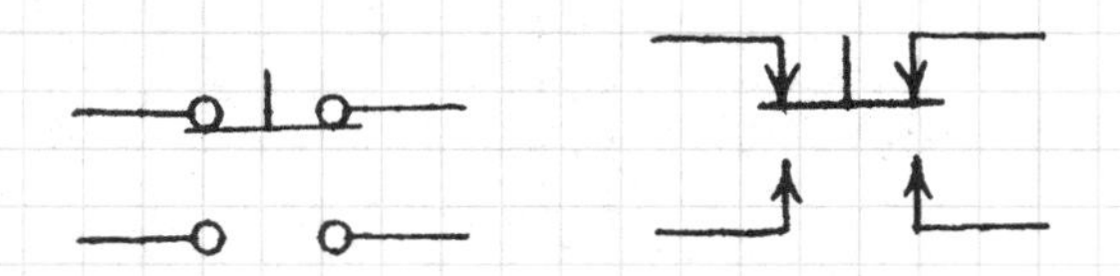

常开 DPST 开关

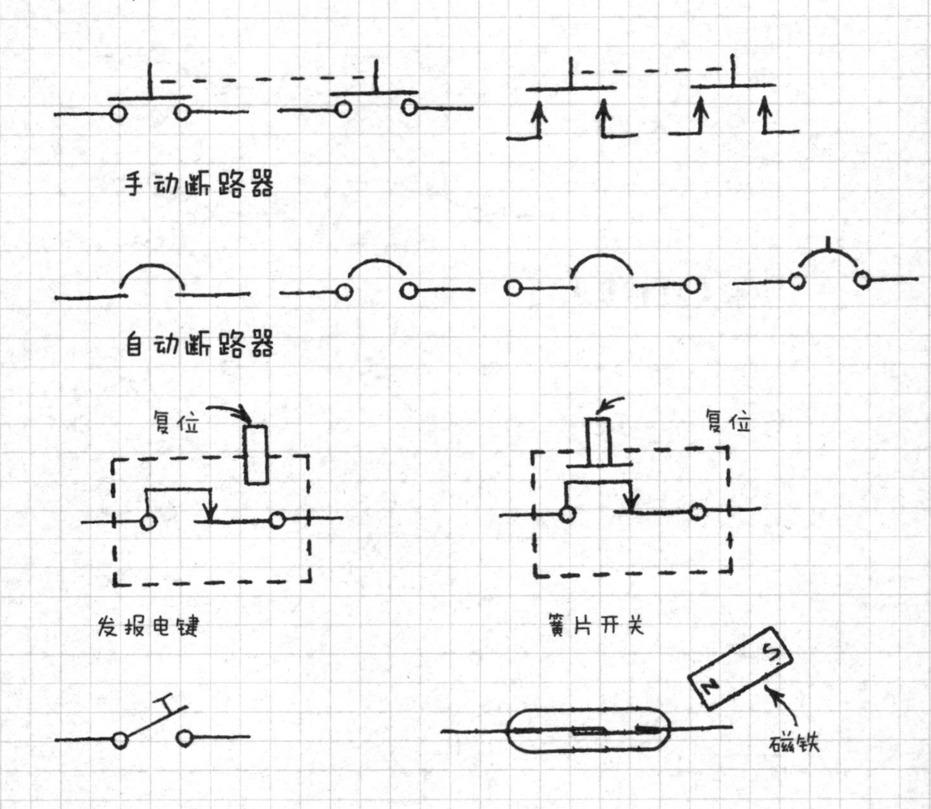

2.1.7 继电器

完整的继电器符号

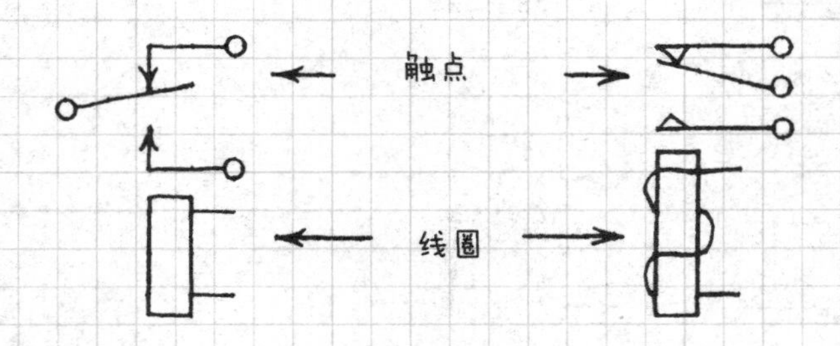

最常见的继电器触点

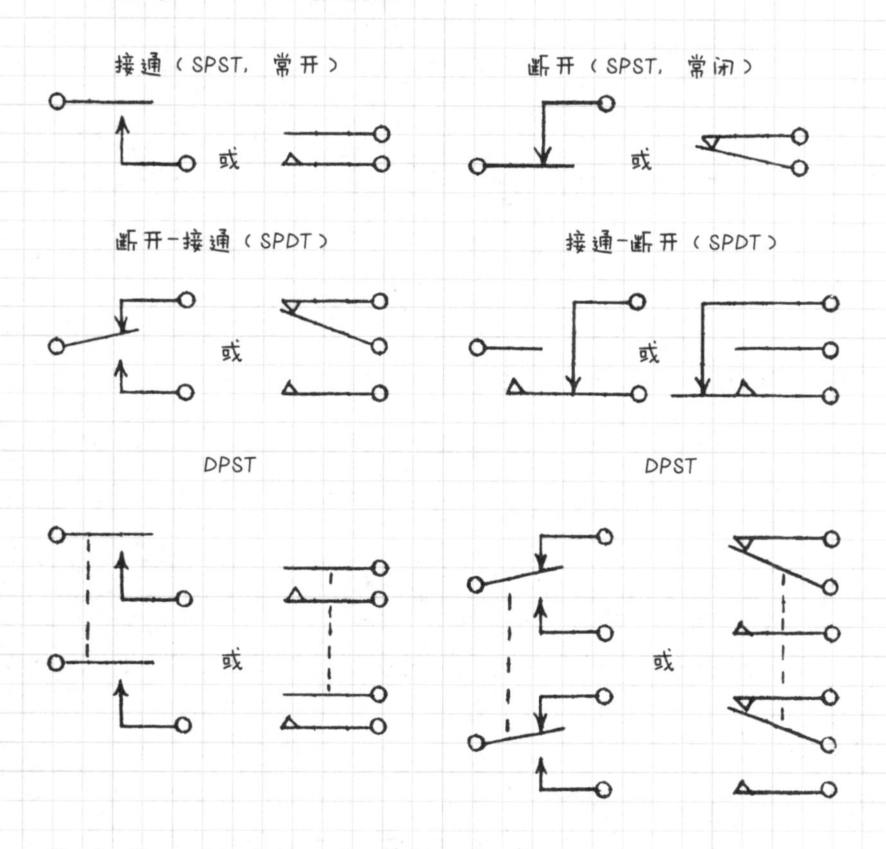

2.1.8 电动机、电磁阀、仪表

2.1.8.1 电动机

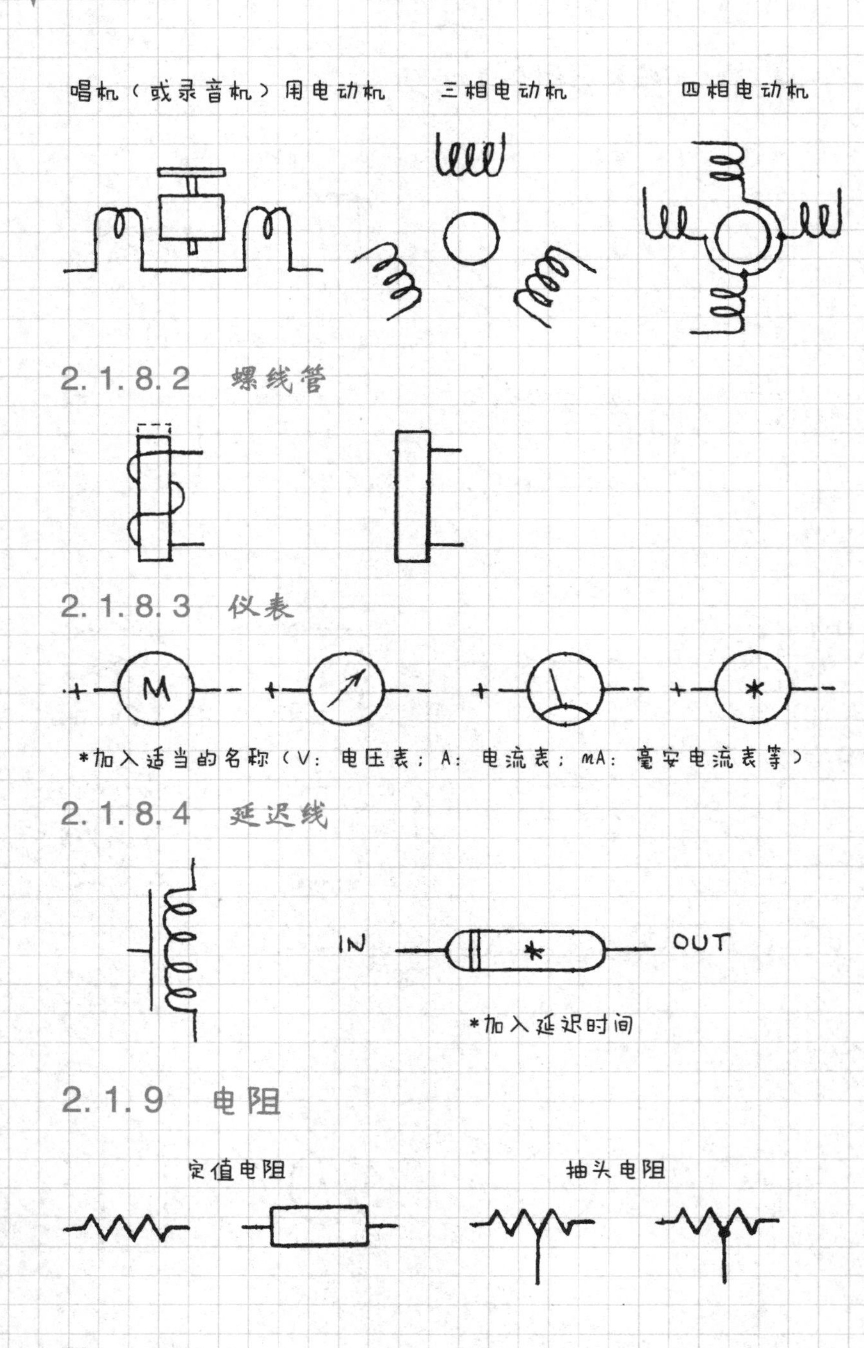
唱机（或录音机）用电动机
三相电动机
四相电动机
2.1.8.2 螺线管
2.1.8.3 仪表
+ M -
+ -
+ -
+ * -
*加入适当的名称（V：电压表；A：电流表；mA：毫安电流表等）
2.1.8.4 延迟线
IN
*
OUT
*加入延迟时间
2.1.9 电阻
定值电阻
抽头电阻

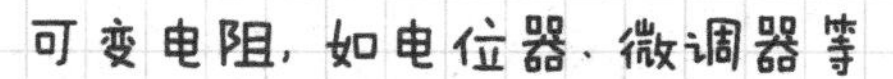

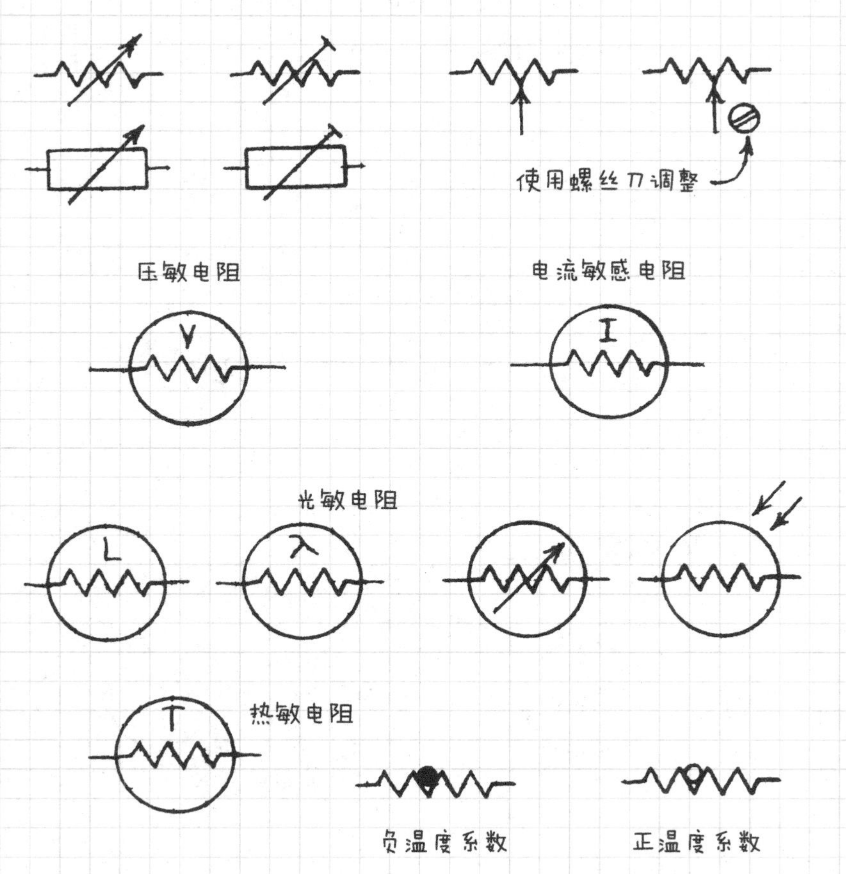

2.1.10 电容

非极性定值电容

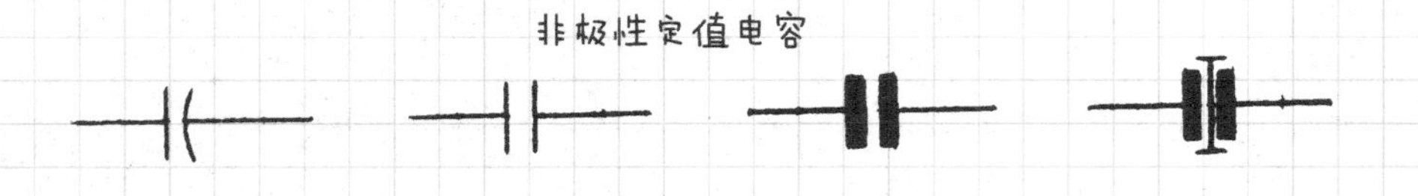

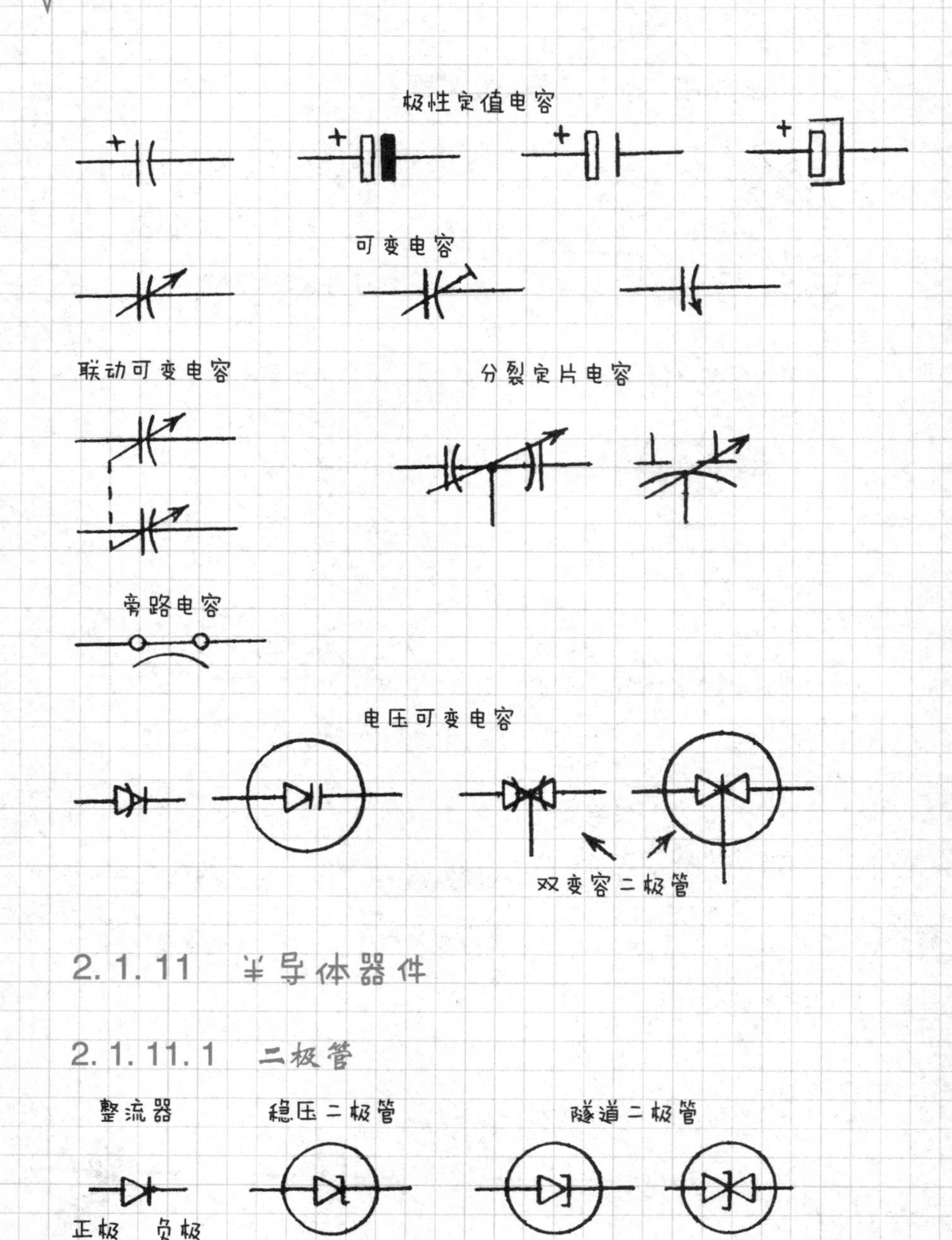
极性定值电容
+
+
+
+
可变电容
联动可变电容
分裂定片电容
旁路电容
电压可变电容
双变容二极管
2.1.11 半导体器件
2.1.11.1 二极管
整流器
稳压二极管
隧道二极管
正极
负极

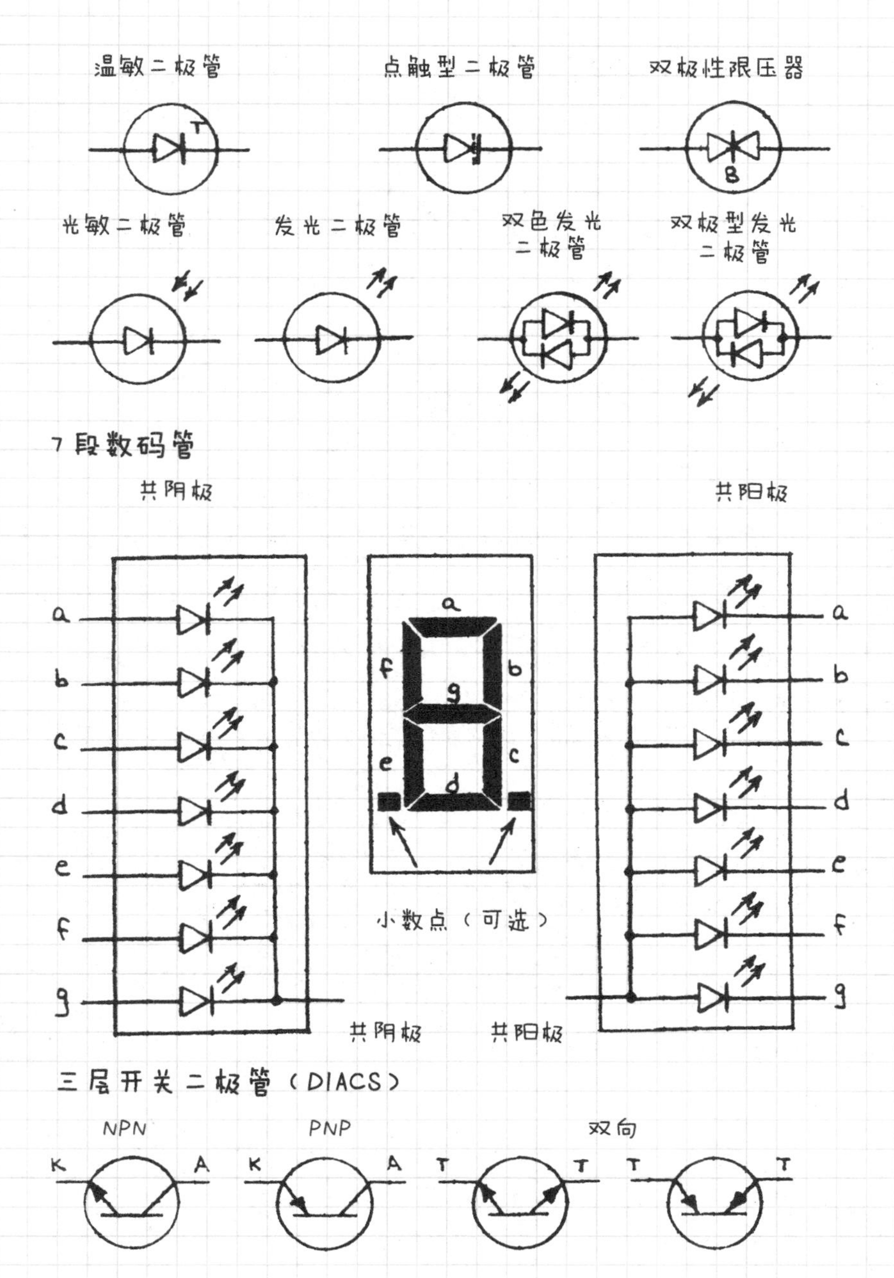

温敏二极管
T
点触型二极管
双极性限压器
B
光敏二极管
发光二极管
双色发光二极管
双极型发光二极管
7段数码管
共阴极
共阳极
a
b
c
d
e
f
g
小数点（可选）
共阴极
共阳极
三层开关二极管（DIACS）
NPN
PNP
双向
K
A
T

四层开关二极管

四层二极管 晶闸管 双向晶闸管

P栅极 N栅极

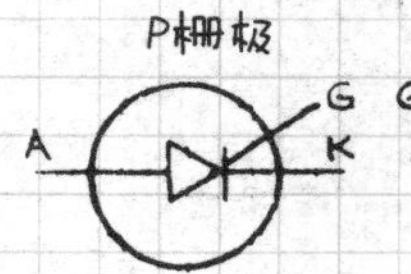

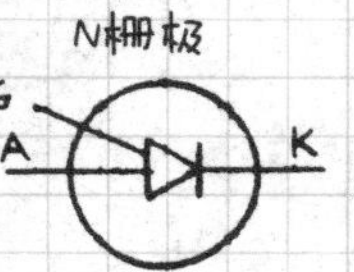

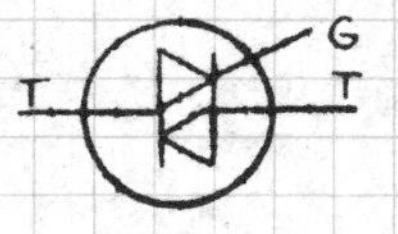

2.1.11.2 晶体管

双极型晶体管 单结晶体管

PNP NPN N沟道 P沟道

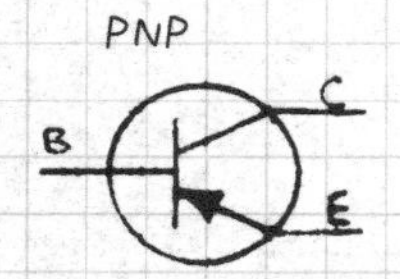

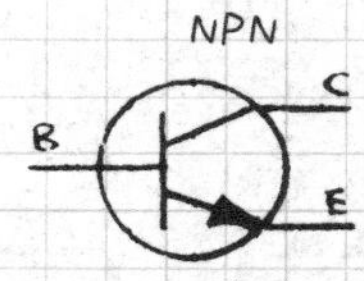

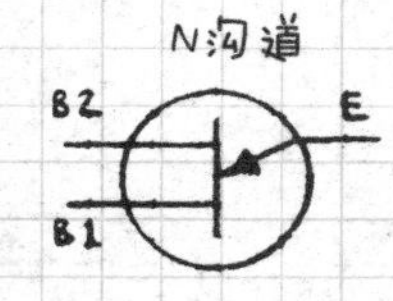

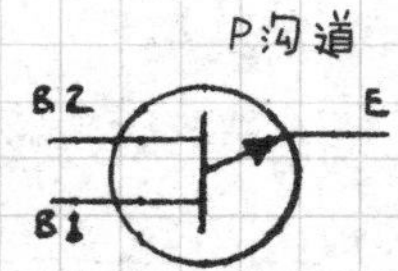

结型场效应晶体管 金属氧化物半导体场效应晶体管

N沟道 P沟道 N沟道 P沟道

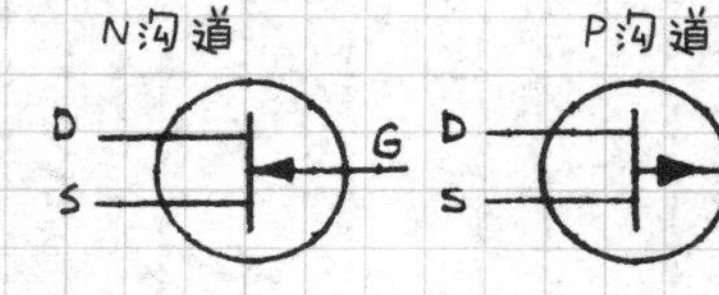

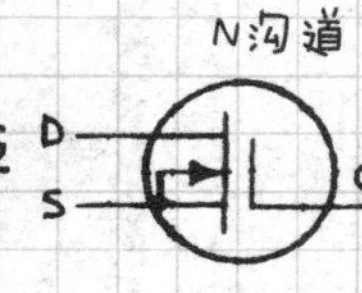

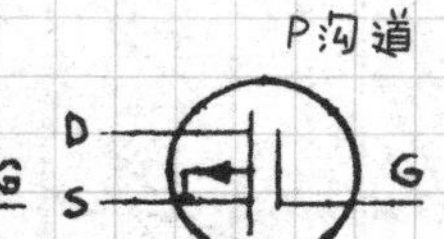

光敏晶体管 复合晶体管

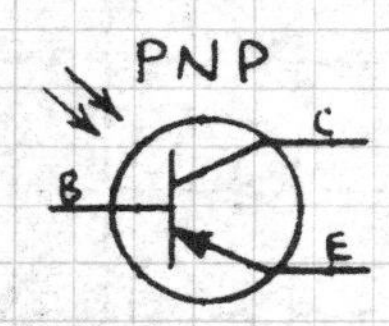

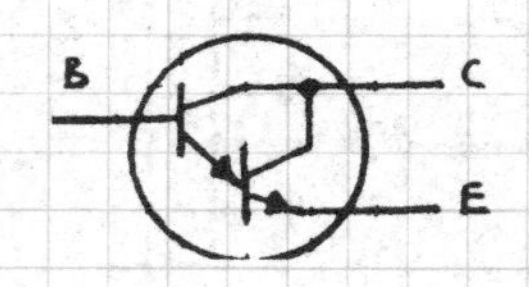

2.1.11.3 模拟电路

放大器 运算放大器

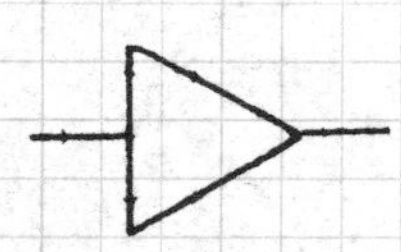
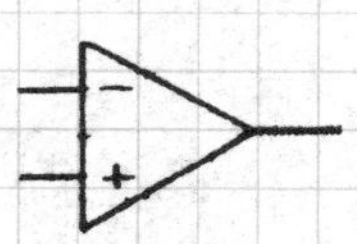

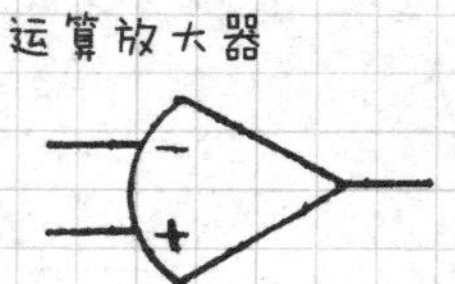

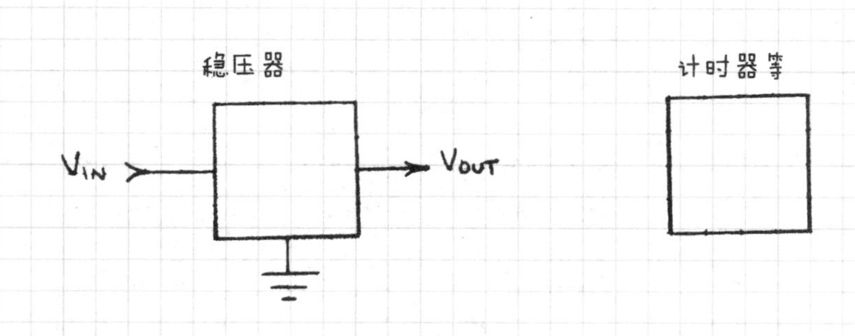

2.1.11.4 转换电路

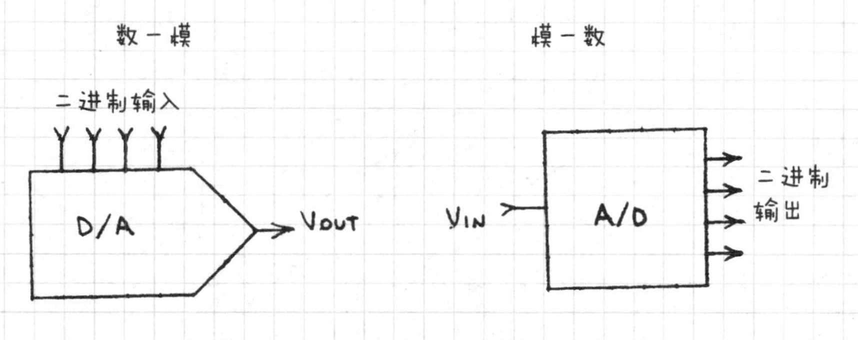

2.1.11.5 数字电路数据总线

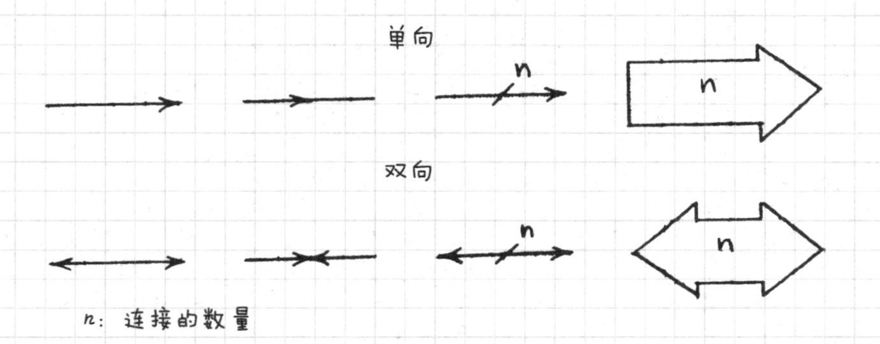

2.1.11.6 数字电路

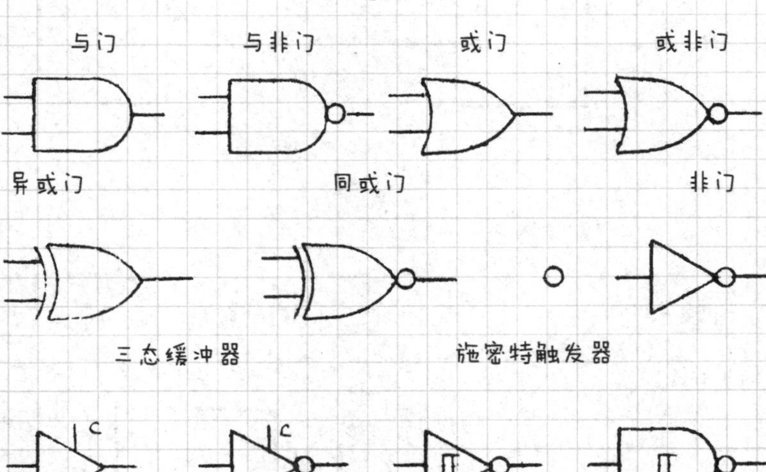

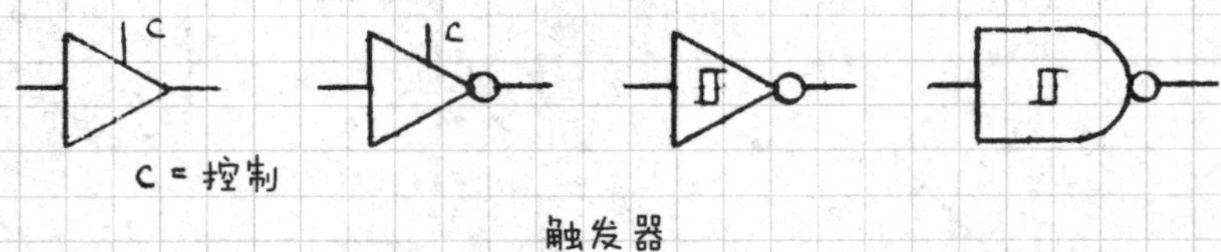

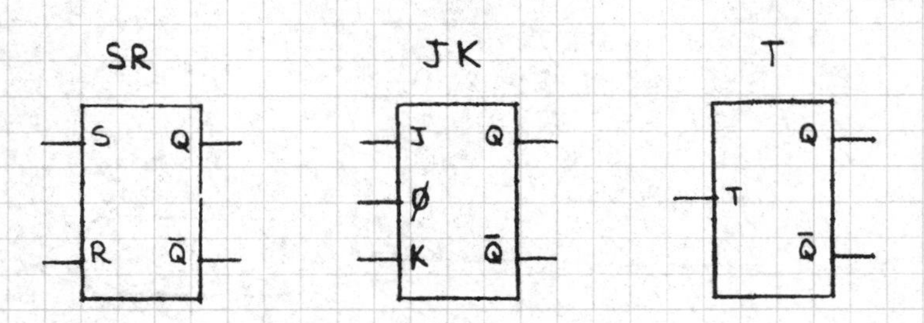

2.1.11.7 计算机流程图符号

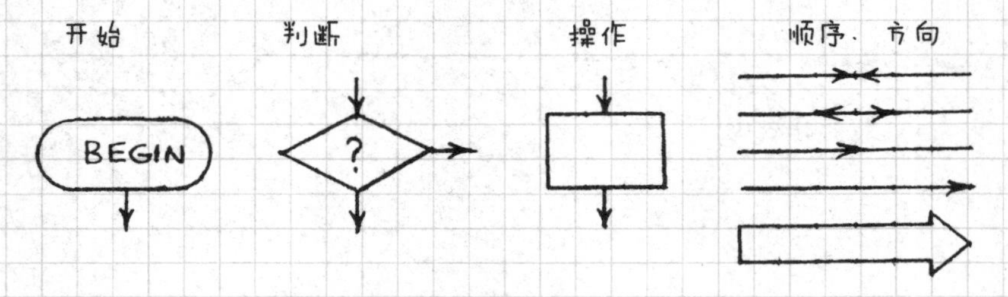

2.2 元器件封装

2.2.1 电容、电阻

2.2.1.1 电阻

碳合成电阻　　碳膜电阻

2.2.1.2 电容

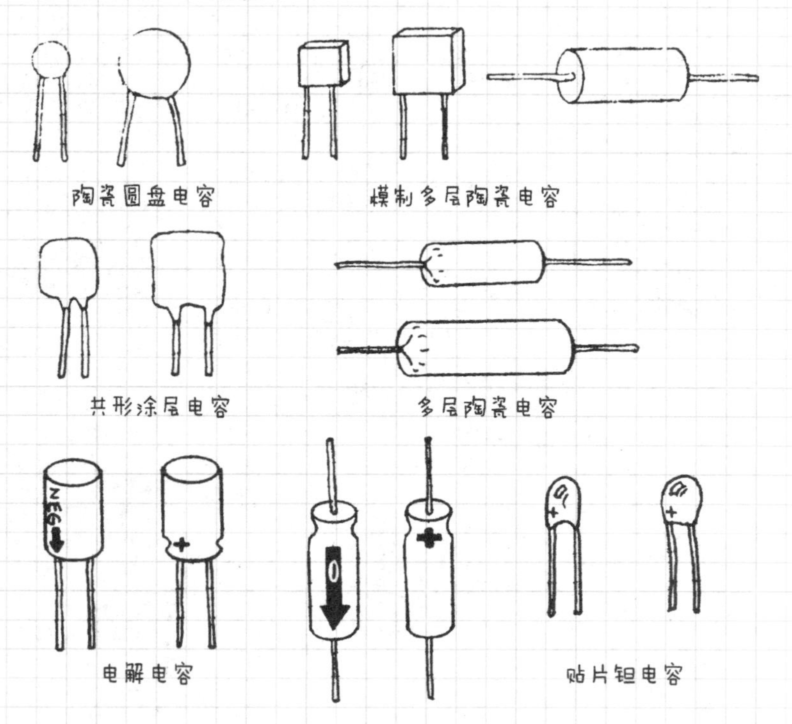

陶瓷圆盘电容　　模制多层陶瓷电容

共形涂层电容　　多层陶瓷电容

电解电容　　贴片钽电容

2.2.2 二极管

2.2.2.1 普通二极管

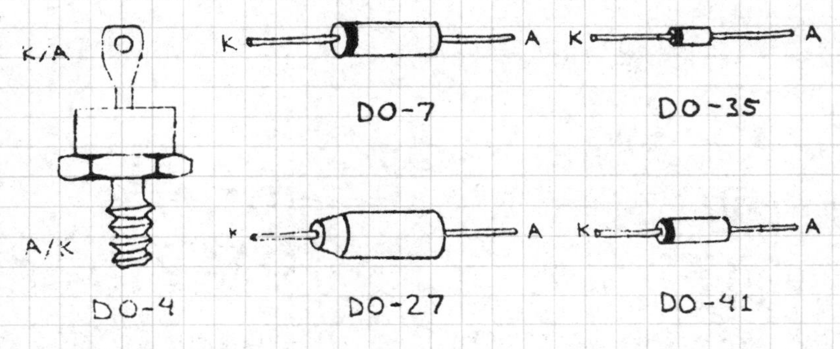

2.2.2.2 整流桥

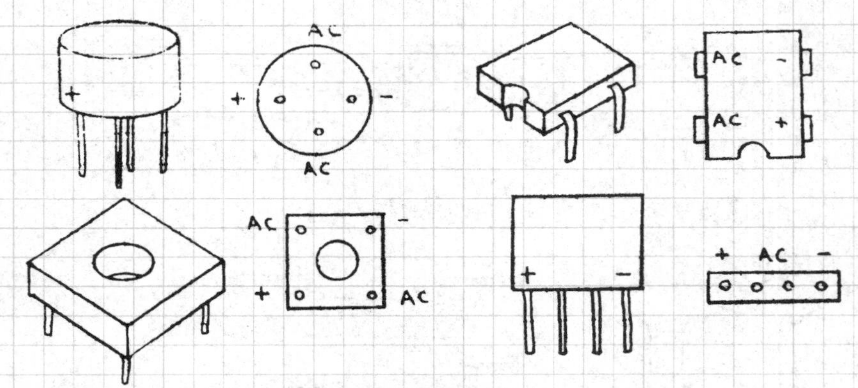

注意：始终参考器件规范以确保引脚正确。

2.2.2.3 发光二极管

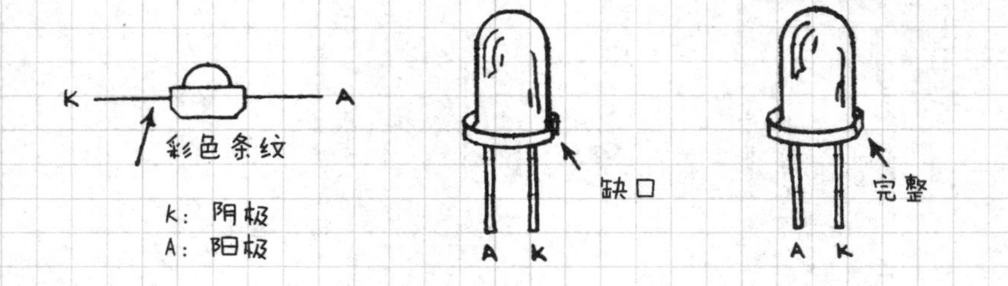

2.2.3 晶体管

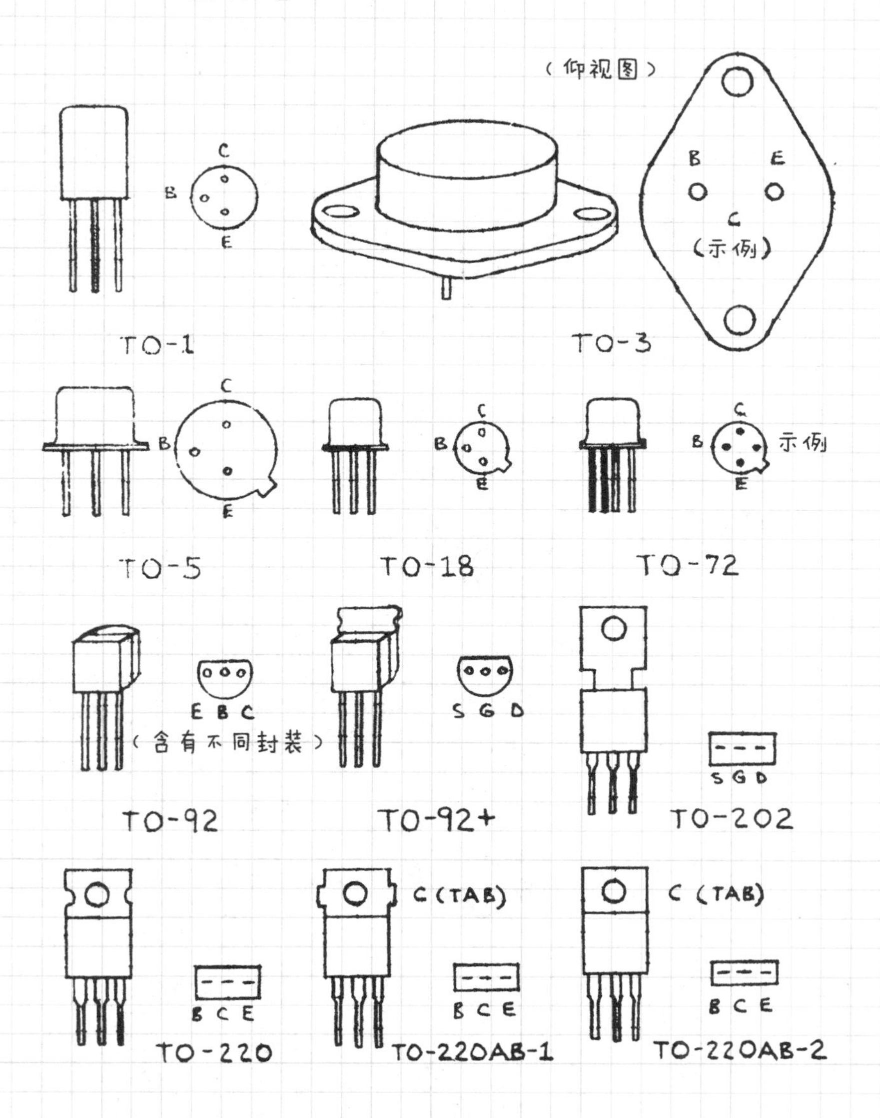

（仰视图）
C
B
E
TO-1
B E
C
（示例）
TO-3
C
B
E
TO-5
C
B
E
TO-18
C
B
E
示例
TO-72
E B C
（含有不同封装）
TO-92
S G D
TO-92+
S G D
TO-202
B C E
TO-220
C (TAB)
B C E
TO-220AB-1
C (TAB)
B C E
TO-220AB-2

C:集电极
B:基极
E:发射极
S:源极
G:栅极
D:漏极

注意：示例风格各不相同，许多其他示例正在使用中。始终参考器件规范以验证引脚标识。

光耦合器

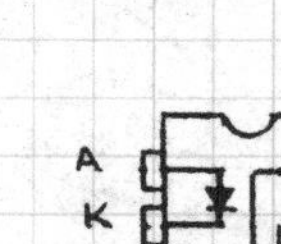

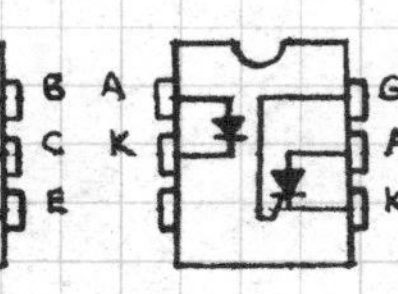

晶体管

A
K
G
A
K

晶闸管

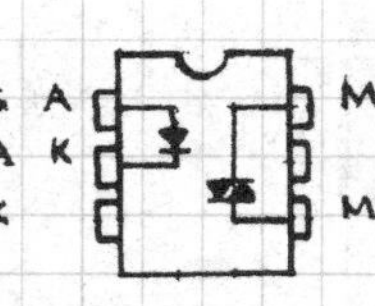

双向晶闸管

2.2.4 集成电路

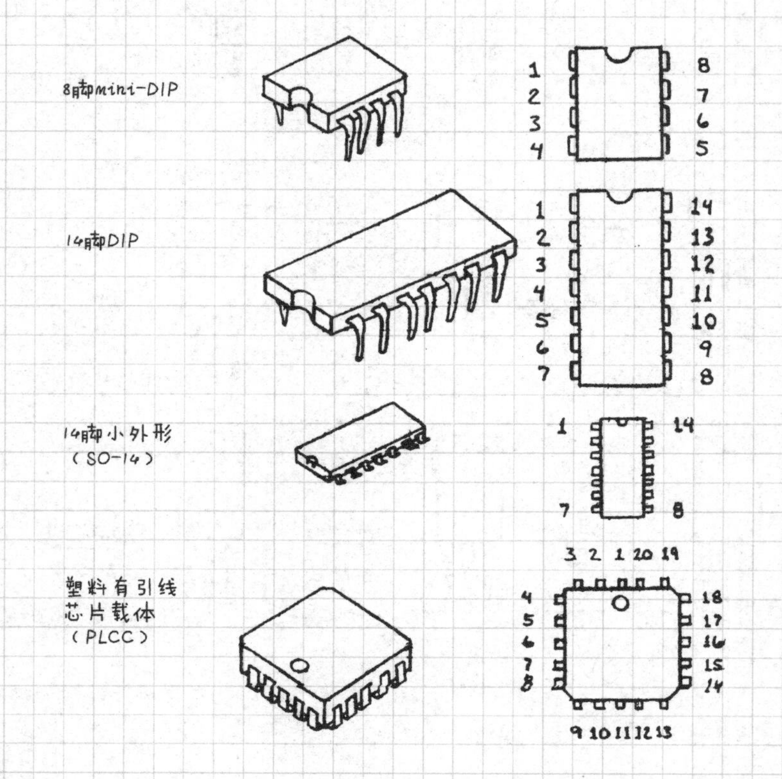

2.2.5　电池

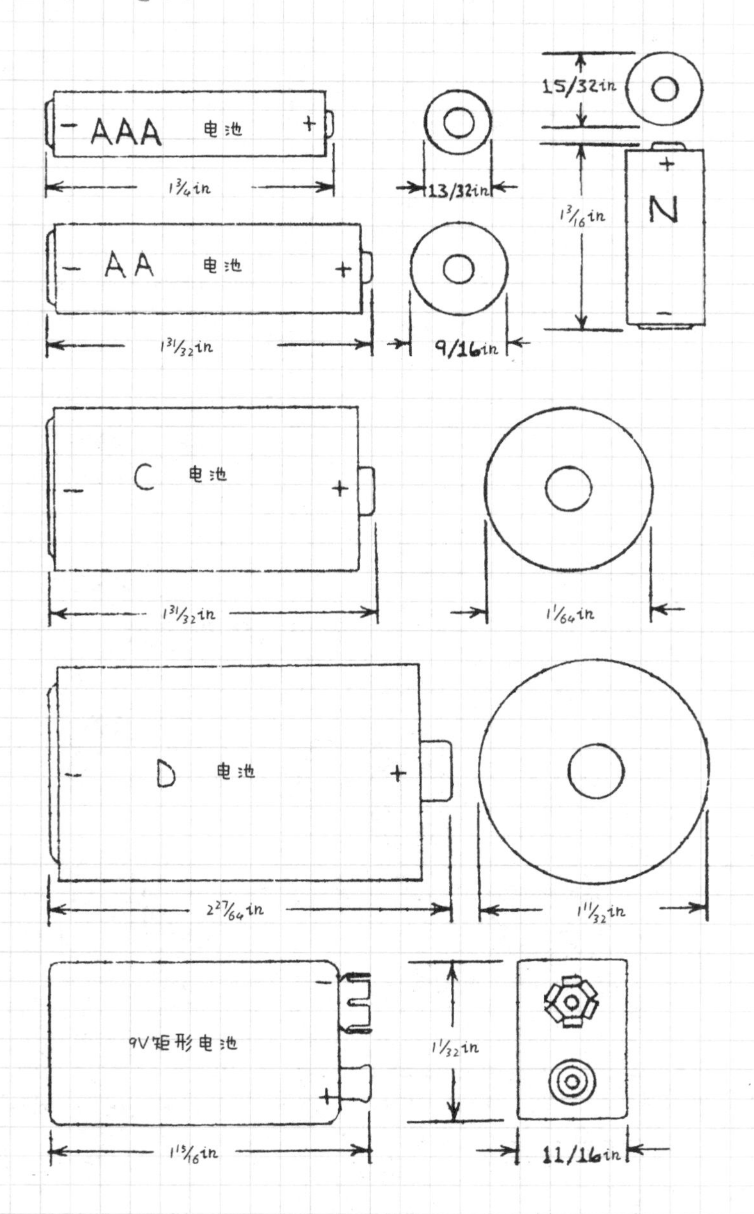
AAA
电池
1¾in
13/32in
15/32in
N
1³⁄₁₆in
AA
电池
1³¹⁄₃₂in
9/16in
C
电池
1³¹⁄₃₂in
1¹⁄₆₄in
D
电池
2²⁷⁄₆₄in
1¹¹⁄₃₂in
9V矩形电池
1¹⁄₃₂in
1¹³⁄₁₆in
11/16in

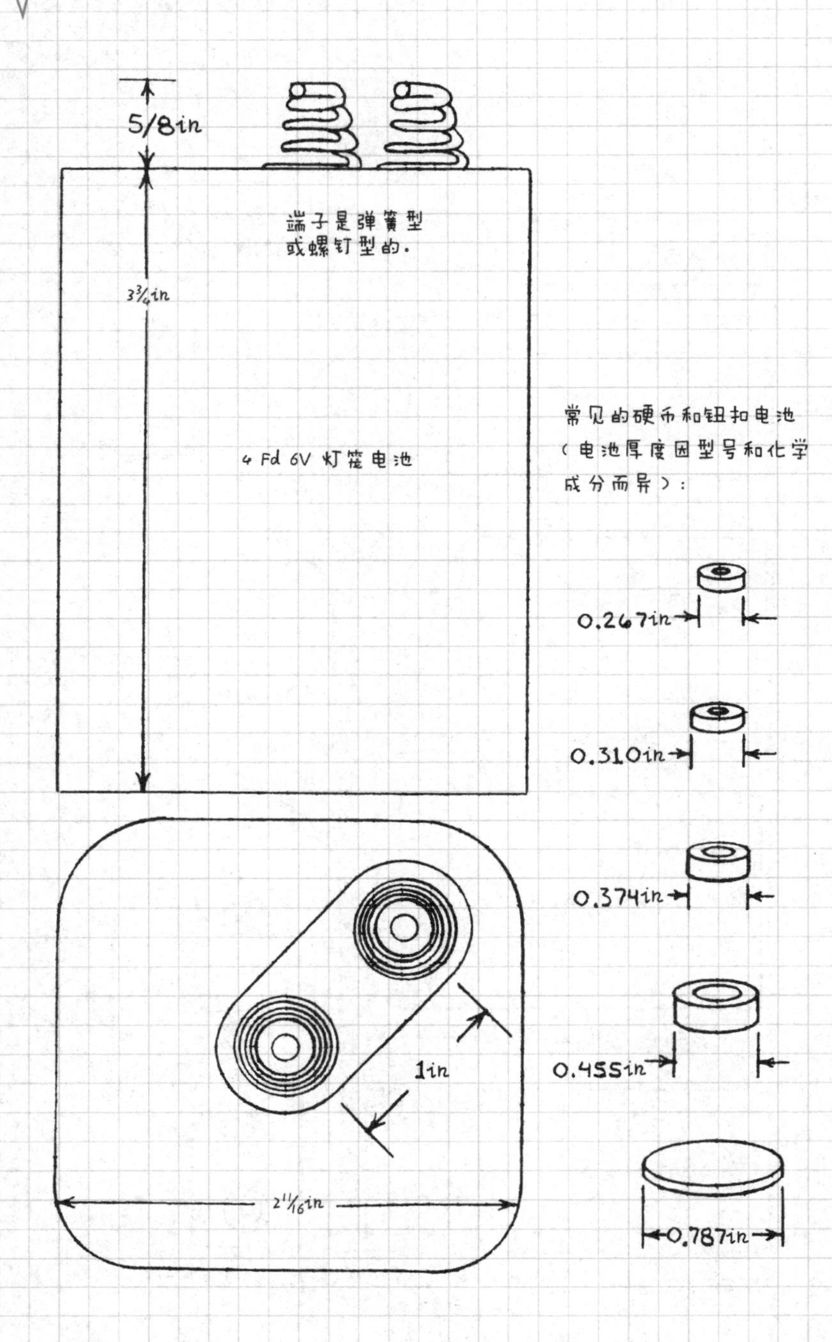

常见的硬币和钮扣电池（电池厚度因型号和化学成分而异）：

2.2.6 灯

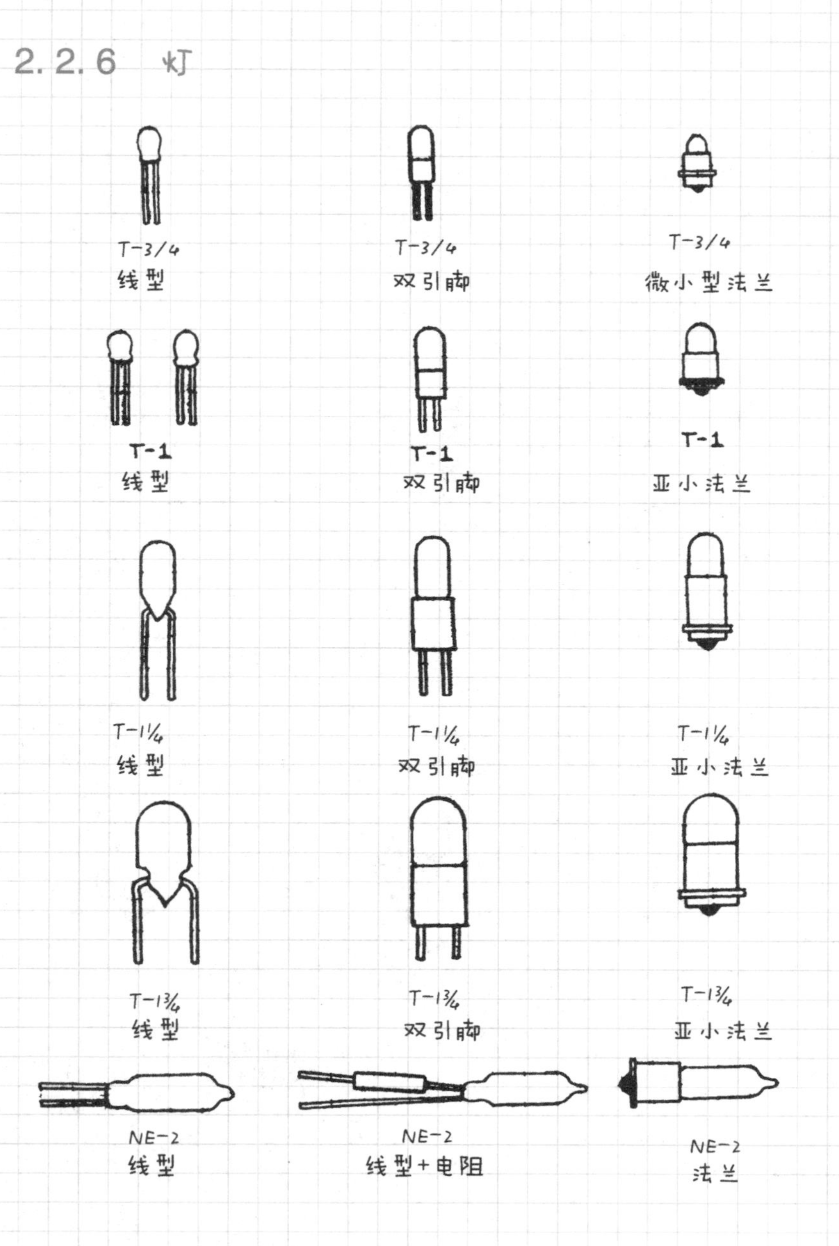
T-3/4
线型
T-3/4
双引脚
T-3/4
微小型法兰
T-1
线型
T-1
双引脚
T-1
亚小法兰
T-1¼
线型
T-1¼
双引脚
T-1¼
亚小法兰
T-1¾
线型
T-1¾
双引脚
T-1¾
亚小法兰
NE-2
线型
NE-2
线型+电阻
NE-2
法兰

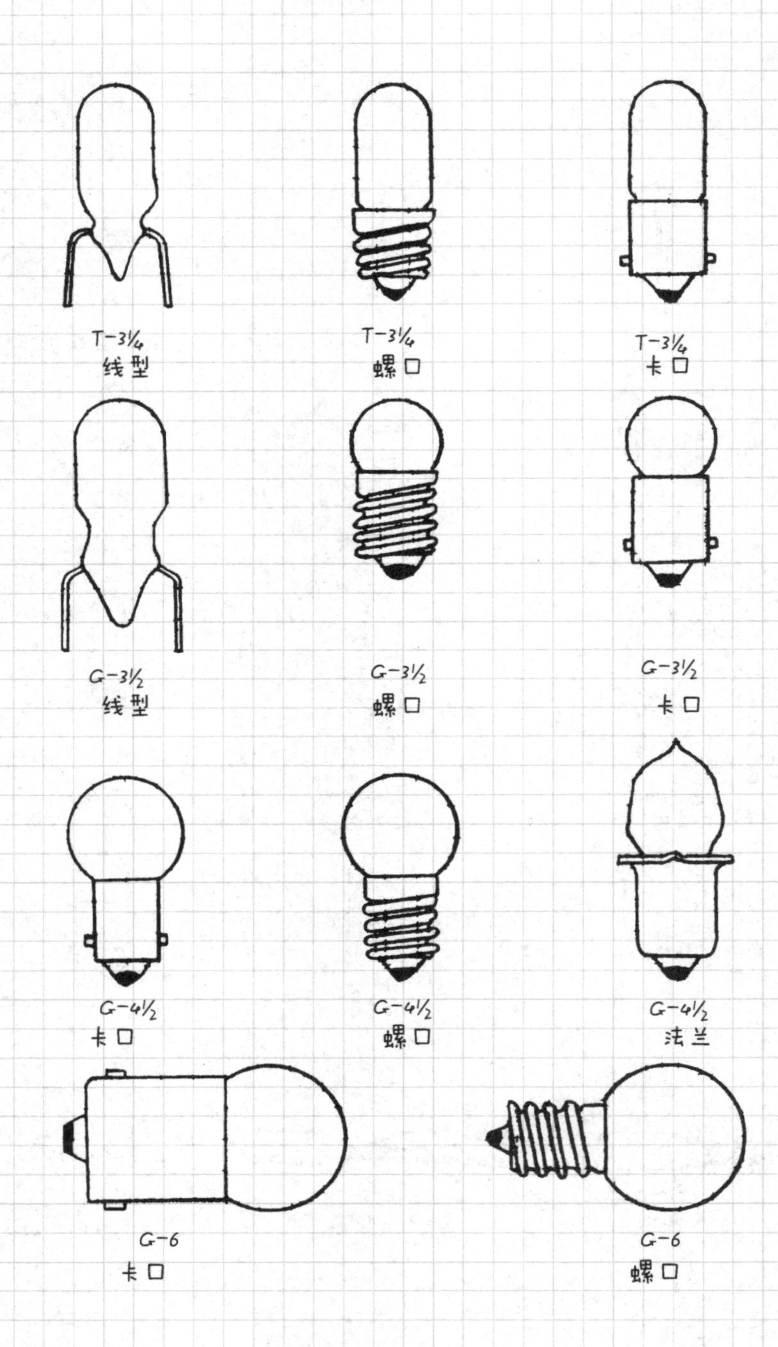
T-3¼
线型
T-3¼
螺口
T-3¼
卡口
G-3½
线型
G-3½
螺口
G-3½
卡口
G-4½
卡口
G-4½
螺口
G-4½
法兰
G-6
卡口
G-6
螺口

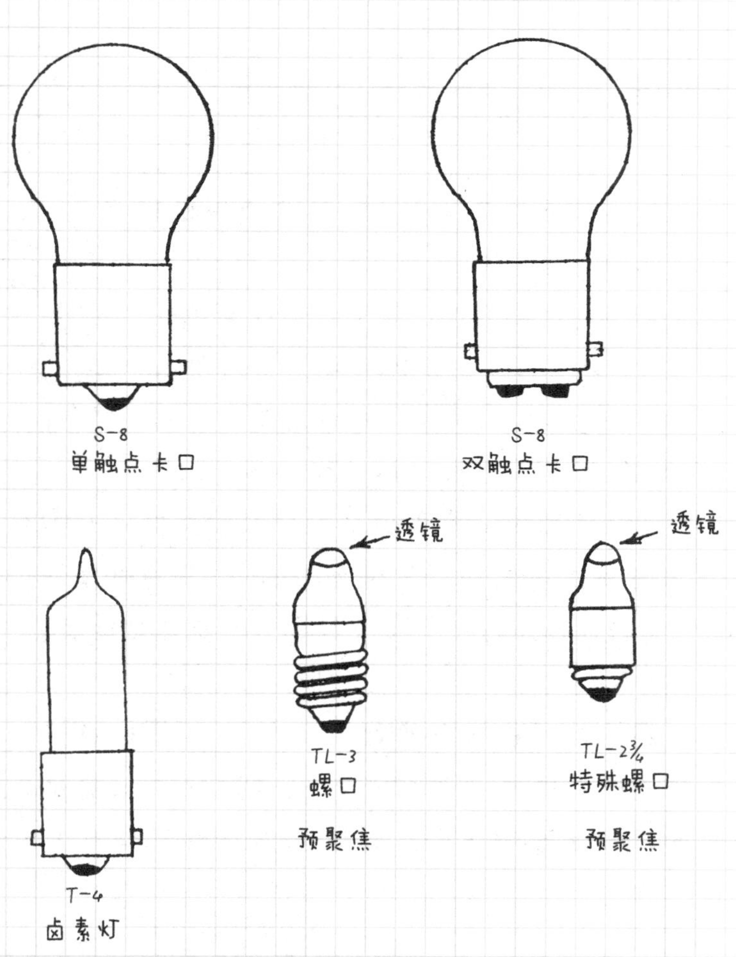
S-8
单触点卡口
S-8
双触点卡口
透镜
透镜
T-4
卤素灯
TL-3
螺口
预聚焦
TL-2¾
特殊螺口
预聚焦

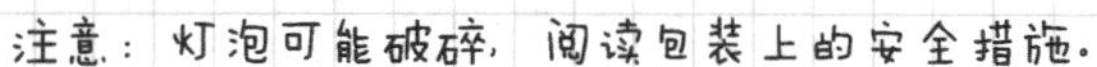
注意：灯泡可能破碎，阅读包装上的安全措施。

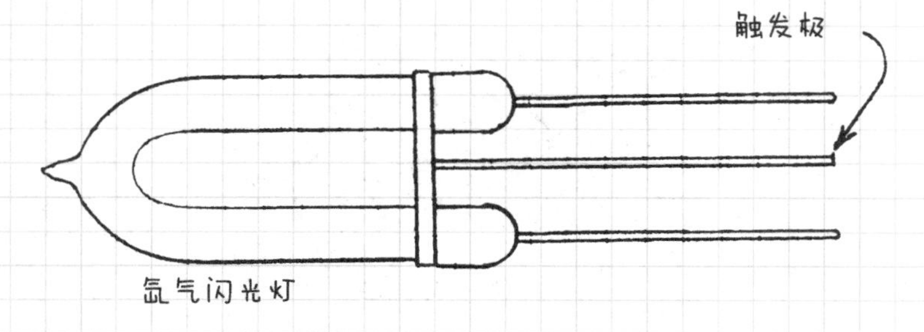
触发极
氙气闪光灯

2.3 元器件处理

1. 将元器件保存于无尘、室温的干燥环境下，放在原包装盒内更好。

2. 避免磕碰元器件。当元器件摔到地板上时，不管它有多小，也会承受多次的重力撞击。一个落下的元器件可能看起来没有损坏，但冲击力可以导致内部连接的断裂，并在元器件保护层或元器件的功能部分形成微小的裂纹。元器件功能部分的裂纹可能使其失效，使其特性发生改变或降低其性能。涂层中的裂纹可能使元器件功能变弱，导致湿气进入。

3. 避免在焊接或脱焊过程中导致元器件过热。利用焊接散热器或钳子来保护对温度敏感的元器件。焊接后通过风冷来使这类元器件降温。注意焊接处不可使用风冷。

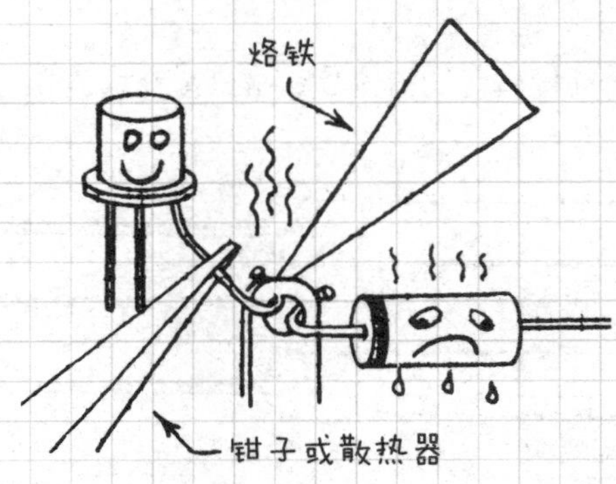

4. 弯曲元器件引线的时候用紧贴元器件的尖嘴钳抓住导线，然后用手指弯曲导线。弯曲半径应大于引线的直径。没用尖嘴钳的弯曲引线可能在引线和元器件之间形成裂纹。

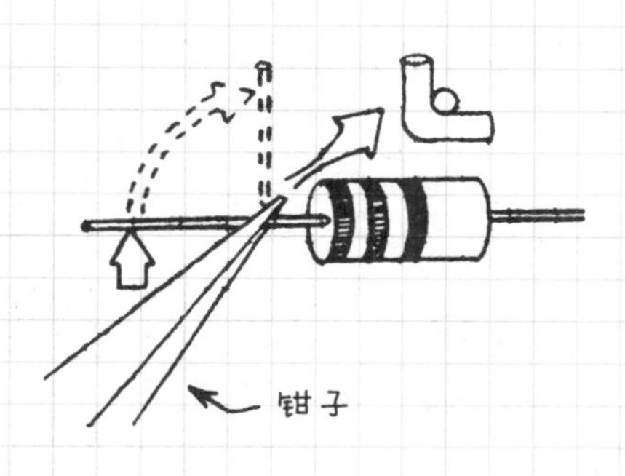

2.3.1 静电放电

众所周知，MOS（金属氧化物半导体）器件很容易因静电放电（ESD）而被损坏。但还有并不那么为人广知的一点是许多其他种类的器件也容易因ESD而损坏。容易受ESD损坏的器件经常会被标记上一个警告标签。

但更通常的情况是没有标签。所以了解哪些种类的器件容易受到ESD的损坏也是十分重要的。

某些器件的ESD损坏阈值：

非常脆弱（1～1000V）	中等脆弱（1000～5000V）	略显脆弱（5000～15000V）
MOS晶体管 MOS集成电路 微波晶体管 结型场效应晶体管 激光二极管 金属膜电阻器	CMOS集成电路 低功耗TTL集成电路 肖特基TTL集成电路 肖特基二极管 线性集成电路	TTL集成电路 小信号二极管和晶体管 压电晶体元件

注：这只是部分清单，有些器件可能没有被记录在内，将存在疑问的元器件视为ESD敏感元件。

各种材料产生的典型ESD电压［75 ℉（23.9 ℃），相对湿度60%］：

对象	行为	电压/V
橡胶梳	轻梳干发	−2500
办公椅	滚过塑料地板垫	−2000
聚乙烯袋	手中揉捏	−300
聚乙烯袋中的TO-92封装晶体管	多次摇袋子	−200
橡皮	在电路板上擦	+100
含有塑料配件的箱子	用100%棉的织物擦	+100
干净的塑料胶带（2in宽）	迅速展开几英寸	+500
成年男性（穿橡胶鞋底的鞋）	走过地毯	−1000

注：这些测量值是由商用静态仪表测量得出的。当相对湿度在10%～20%之间时静电电压会达到该表所示数值的10～50倍。

静电对MOSFET器件的损伤的典型表现：

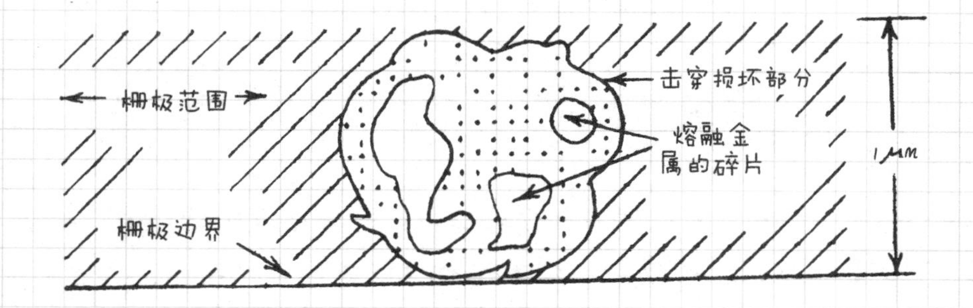

2.3.2 ESD处理注意事项

当处理易受静电损坏的器件时要注意遵守以下事项：

1. 将器件保存在原包装、导电容器或导电塑料泡沫中。

2. 不要触碰引脚或引线。

3. 在触摸器件之前先通过触摸接地金属的表面（如橱柜、电器等）释放掉自己身体上的静电。

4. 将器件从容器中取出后放置在铝箔片、托盘上或导电泡沫上再安装它们。

5. 请勿将器件滑过工作台或其他表面。

6. 保证器件远离容易产生静电的物品（如塑料、玻璃纸、糖果包装、纸张、纸板等）。

7. 保证服装与器件不接触。

8. 绝对不能在接通电源的情况下将敏感器件接入或移除电路。

9. 在可能的情况下，使用电池供电的烙铁来焊接ESD

敏感元件。如果能保证烙铁尖端没有携带杂散电压，则可以使用交流电源供电的烙铁。

2.4 元器件测试

尽管元器件被连接在线路中的时候也可以被测试，但最好还是在其没有连入电路的时候进行测试。以下几条希望能够被遵守：

电阻：使用万用表测量阻值。

电容：通过短接引脚来释放存储的电量。然后将电容连接到模拟万用表的最高电阻档，记得电解电容要按极性连接。表中的指针会移动到右侧然后回到原点。当电容值相对较大时指针将移动到更偏右侧的位置。当电容值小于0.01μF时指针可能会不动。如果指针保持在右侧或附近，则电容短路。如果指针并没有移动，电容则有可能低于0.01μF或电容开路。

二极管：使用万用表测量时，正向连接时阻值应较低，反向连接时阻值应较高。

正向连接　　反向连接

晶体管：下面的电路提供开关晶体管的“开/闭”测试。如果晶体管良好，相应的LED应均正常发光。

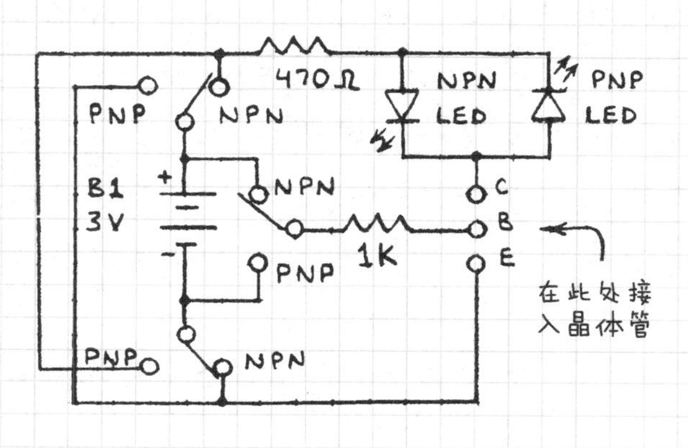

2.5 电路设计技巧

1. 利用现有电路作为模块来构成全新的电路。

2. 在使用电路之前，经常要检查制造商的有源器件（晶体管、集成电路等）的规格。特别注意工作电压、输入和输出要求及潜在的问题（如振动、噪声、闭锁等）。

3. 旁路电容虽然不总是需要，但可以防止模拟电路中的噪声和振荡以及数字电路中的假触发和存储丢失。在模拟电路中放置一个0.1μF和1.0μF的电容，将运算放大器的电源引脚接地。在数字电路中，在每个芯片的电源引脚上放置一个0.1pF的电容。

4. 元器件替换一般是可以的。下面是一般元器件的变更要点：

a. 电阻：使用最临近的阻值。使用相等或更高的额定功率。电路性能可能会改变。比如，串联小于指定阻值的电阻与 LED 会增加通过 LED 的电流。

b. 电容：使用最临近的电容值。使用相等或更高的额定电压。电路性能可能会改变。比如，在定时器电路中使用比指定电容值小的电容将会缩短定时周期。

c. 双极晶体管：在同一系列内替换使用。注意极性和功率。

2.6 电路布局技巧

1. 在高速数字电路以及高速模拟电路中，元器件间的连线应尽量短。

2. 高增益放大器的输入端以及输出端应该使用物理隔离。否则，输入和输出布线之间的电感可能导致输出信号的一部分被反馈到输入端，这将导致严重的振荡。

3. 功率晶体管、集成电路和其他一些在运行过程中变热的元器件通常在散热器中表现更好。因此在这类元器件间最好留出散热器的空间。避免在热敏器件周围放置容易发热的元器件。

4. 使用带有绝缘层的电线进行互连。使裸露的元器件引线与其他裸露的引线或硬件绝缘。

5. 所有携带家庭交流电电流的线路都必须绝缘。

6. 承载具有突然开断特性电流的电路会发射出射频辐射，对附近的无线电和电视造成严重的干扰。射频辐射可以通过在整个电路上加上接地金属屏蔽罩的方式减少。外壳与外壳的连接应采用屏蔽电缆。

7. 用标准线连接所有不固定位置导线的连接（电池夹导线等）。使用电路板固定位置的线（印制板铜箔）进行固定位置导线连接。

2.7 散热

当电流流过一个导线或元器件的时候就会产生热量。大部分的元器件都有规定的工作温度范围。散热器有助于将元器件产生的多余热量散发掉。下面展示了三种主要的元器件散热方式：

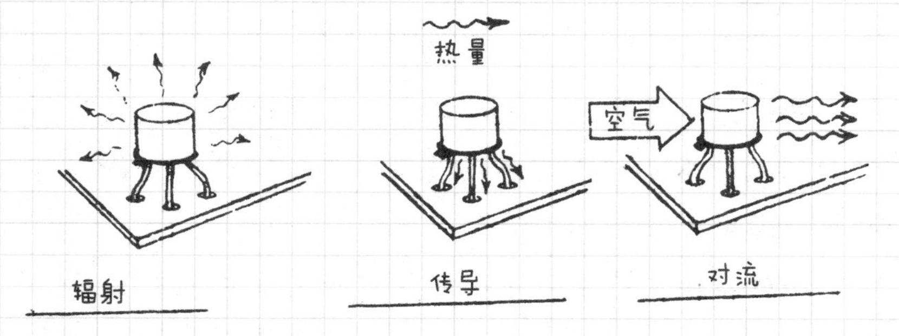

散热器是一种金属构件，可以提高元器件的散热效率。各种金属的热传导性能见下表。

材料	电导率（相对于银）	
钻石（II）	5.4	铝是最常用于散热的金属材料。注意，铜的散热性能几乎与银一样好
水	1.4	
银	1.0	
铜	0.93	
金	0.74	
铝	0.56	
镍	0.21	
铁	0.19	
锡	0.16	
云母	0.0014	
空气	0.000085	

散热器将允许诸如功率半导体之类的元器件散发高达10倍或更多的热量。散热器同样将加强元器件的可靠性以及使用寿命。

散热器和元器件的接触面并不是完全贴合的平面。因此，必须在散热器和元器件之间添加热传导衬垫或硅脂等导热物品：

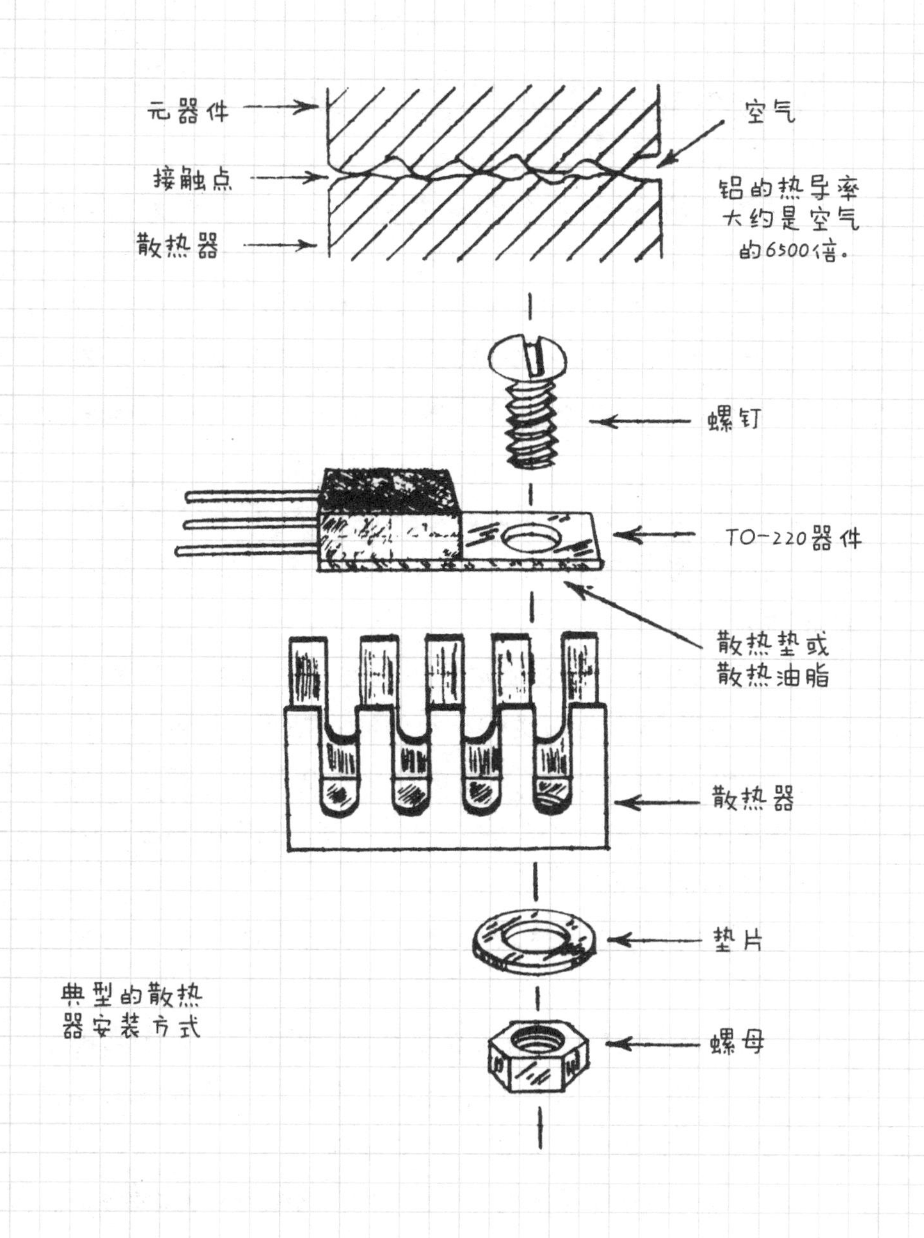
元器件
接触点
散热器
空气
铝的热导率大约是空气的6500倍。
螺钉
TO-220器件
散热垫或散热油脂
散热器
垫片
螺母

典型的散热器安装方式

2.8 焊接

按照并遵守以下步骤来帮助你成功焊接一个连接点：

1. 温度过高将导致元器件及电路板被损坏。因此，在将元器件焊接到电路板上时，应使用低功率电烙铁（15～40W）。但要确保按照电烙铁的说明把烙铁头镀锡。

2. 焊接电子元器件时，始终使用小直径松香芯焊料。绝对不要使用酸性芯焊料，否则将导致焊接引线被腐蚀。

3. 始终保持待焊表面的可焊接状态。焊料不能黏附到油漆、油、蜡、油脂或熔化的绝缘材料等上，因此要用溶剂、钢丝绒或细砂纸把这些东西从待焊表面上除去。用钢丝球等物品使电路板的铜箔保持光洁，以保证元器件与焊盘在焊接时有良好的接触。

4. 焊接时应先加热接触点，而不是焊料。在一两秒钟后将适当长度的焊料靠至连接点。

5. 将发热的烙铁尖端留在适当的焊接位置，直到熔融焊料流至连接处，然后移开电烙铁。重点：不要添加过多的焊料，不要在焊料冷却前移动元器件。

6. 保证烙铁头干净光洁。用潮湿的海绵或布擦拭掉多余的焊料。

脱焊

通过用热电烙铁加热其连接元器件，可以将元器件从电路板上移除。加热到焊料熔化，然后拉动导线，最后使元器件完全脱离。除非使用专门的拆焊烙铁头，否则这仅适用于单根导线或两根导线的元器件。要去除具有多根引线或引脚的元器件，应使用去焊电烙铁或去焊工具。具体工作顺序如下：

1. 加热连接处直至焊料熔化。

2. 拆焊电烙铁：在加热连接前挤压气囊；焊料熔化时释放气囊。

拆焊工具：挤压气囊或启动柱塞。当焊料熔化时，把工具的前端放到焊料处，释放气囊或柱塞。在必要时重复。

吸锡编带：在焊料连接处放置编织物。将编织物压到与烙铁尖端的连接处，直到焊料熔化并流入编织层。

3. 修复破损或分离的铜箔焊盘、走线。可通过焊接长度很短的导线连接。

焊接注意事项

1. 热的烙铁头能够引燃易燃物，烫伤手指。切记拔下未使用的电烙铁！

2. 尽量避免吸入焊料产生的烟或蒸气，在通风良好的地方焊接。

3. 儿童应在被监督的情况下使用电烙铁。

如何焊接

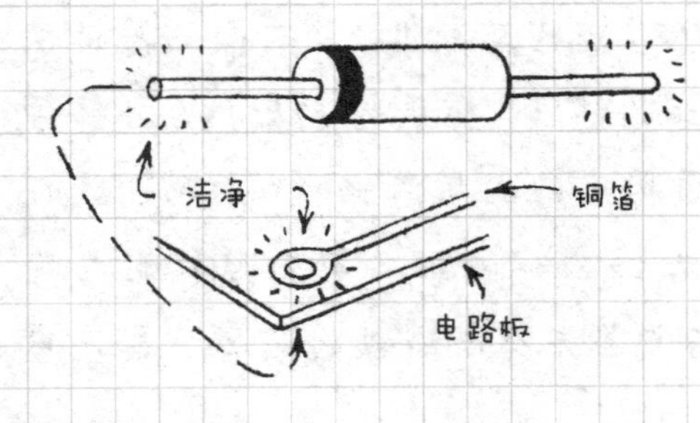

1. 对焊接表面进行预处理，去除表面附着的所有氧化物、油脂、附着物及微粒等。

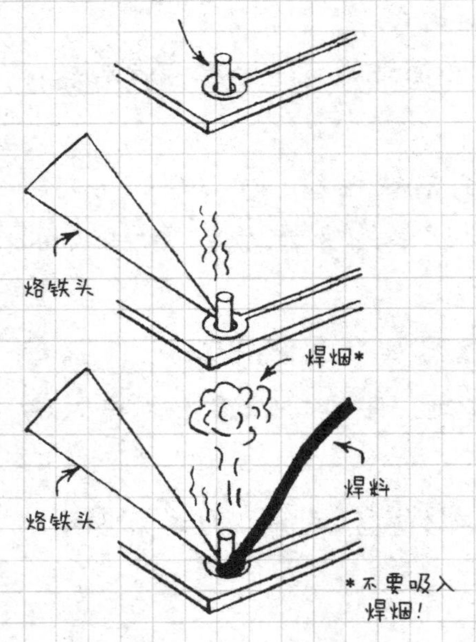

2. 将需要固定的表面固定在一起。

3. 用加热的电烙铁加热要焊接的表面几秒钟。将电烙铁放在适当的位置。

4. 将一段松香芯焊料的末端接触到加热的接合处。允许焊料熔化并流过接触处。

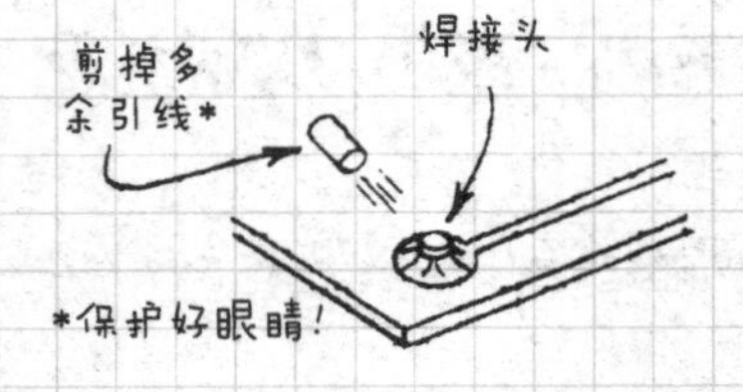

5. 移动电路板之前，请移开电烙铁和焊料，让连接处冷却。

如何脱焊

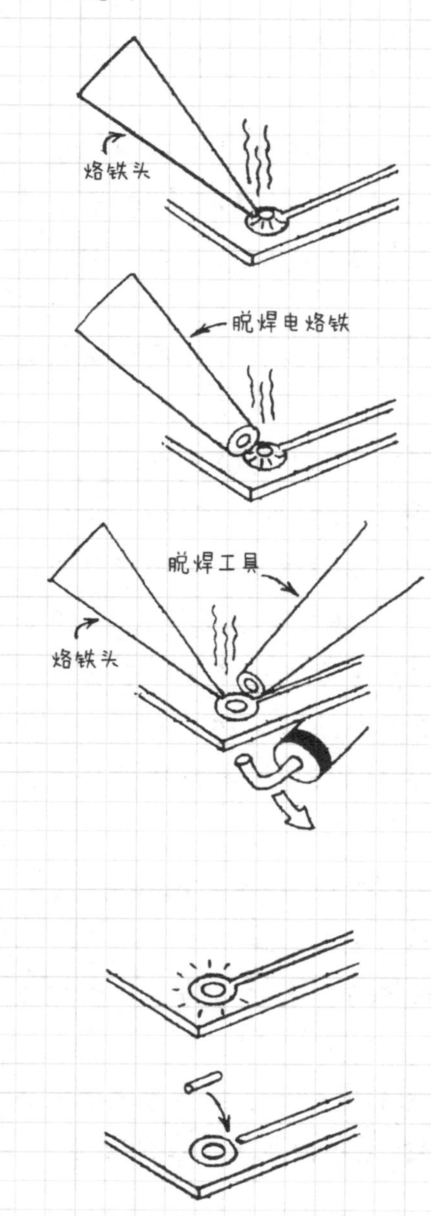

1. 用加热的电烙铁加热要脱焊的连接点，直到焊料熔化。

2. 或用加热的脱焊电烙铁加热连接点，直到焊料熔化。

3. 挤压脱焊工具（或脱焊电烙铁）的气囊，将脱焊工具（或脱焊电烙铁）的尖端尽可能靠近焊点并释放气囊。焊料将被吸入工具，元器件引线便可以被移除。请注意，当焊料熔化时，可以移出引线。

4. 清理焊盘。

5. 通过将较短的导线焊接在铜箔上修复破损的铜箔。

2.9 故障排除

故障排除是识别导致电路故障的问题的过程。除了小问题外，解决复杂系统诊断如计算机和录像机等设备的问题最好留给合格的技术人员。下面列出的步骤可以用来解决DIY项目的故障：

1. 确定你能够像制作说明中介绍的那样理解电路的功能。

2. 如果电路不能实现某些功能，先确定有没有接入电源。电池是否是新的？是否正确接入电路？与电池相连的端子是否干净？电池夹的引线是否有绝缘层完好内部断开的情况？电源线是否插在电源插座上？熔丝是否熔断了？电路要求的电压是否超过了供电电压？

3. 认真地将原理图与电路板进行比较。是否所有的连接都连上了？是不是有连错了的？是否有焊接连接缺陷？

4. 极性元器件，如电解电容、二极管、晶体管，是否都正确安装了？集成电路器件是否正确安装了？

5. 数字逻辑芯片未使用的输入是否连接到地面或电源的一侧？

为了达到最佳效果，遵循有组织的、合乎逻辑的故障排除方法。下一页的故障排除流程树演示了这种方法。

故障排除流程树

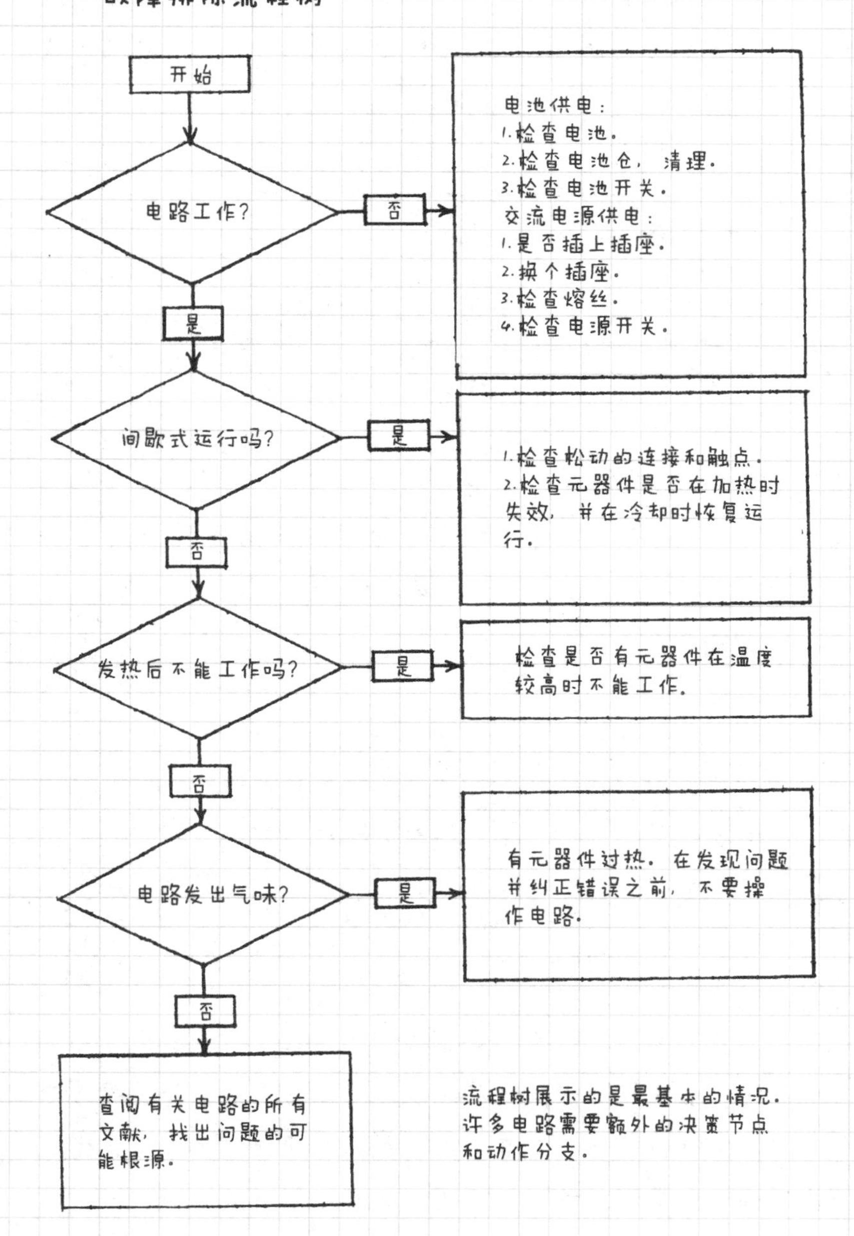

流程树展示的是最基本的情况。许多电路需要额外的决策节点和动作分支。

数字故障排除

这些简单电路可用于对数字逻辑电路进行测试。这两个电路可以使用4049组装。

无跳动开关

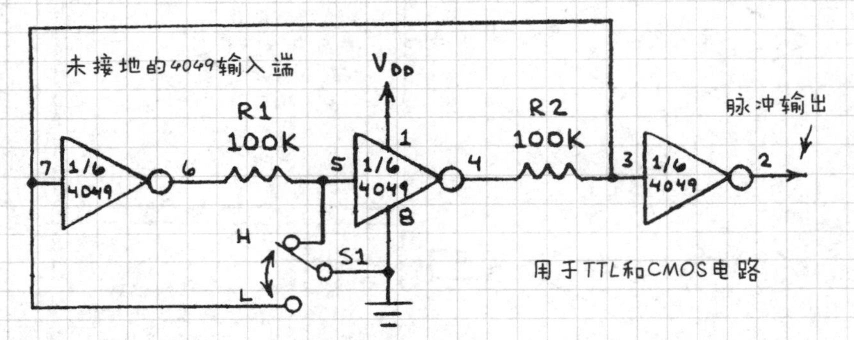

分别连接 V_{DD} 和接地到正向电源和接地电路并开始测试。开关S1产生清晰、无噪声的脉冲。

逻辑笔

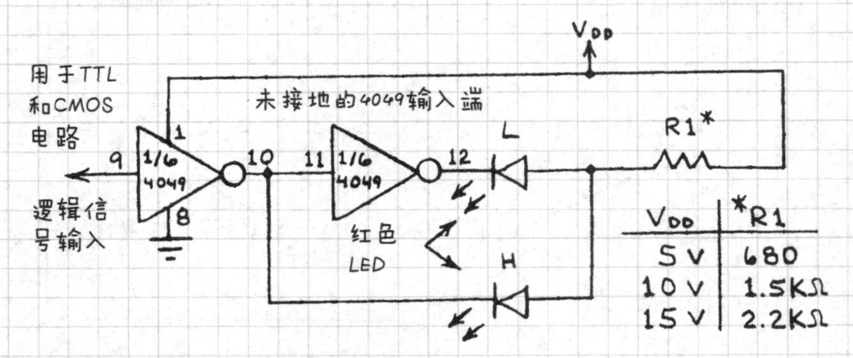

V_{DD}	*R1
5V	680
10V	1.5KΩ
15V	2.2KΩ

分别连接 V_{DD} 和接地到正向电源和接地电路并开始测试。输入探头接触被测电路的端子。发光二极管指示逻辑状态（L=低电平；H=高电平）。R1表给出大约5mA电流值时的情况。如果灯泡过亮的话任一电阻都可换为22kΩ。

模拟故障排除

下面这些电路可以用来排除音频放大器故障并确定多导线电缆的连续性。

信号注入器

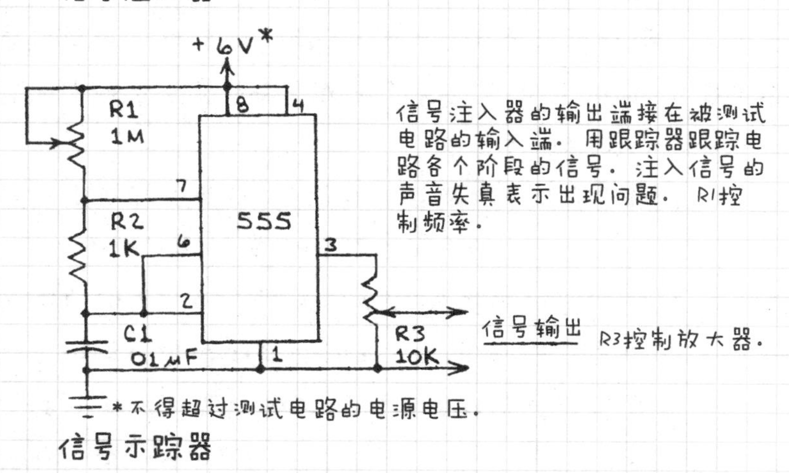

信号示踪器

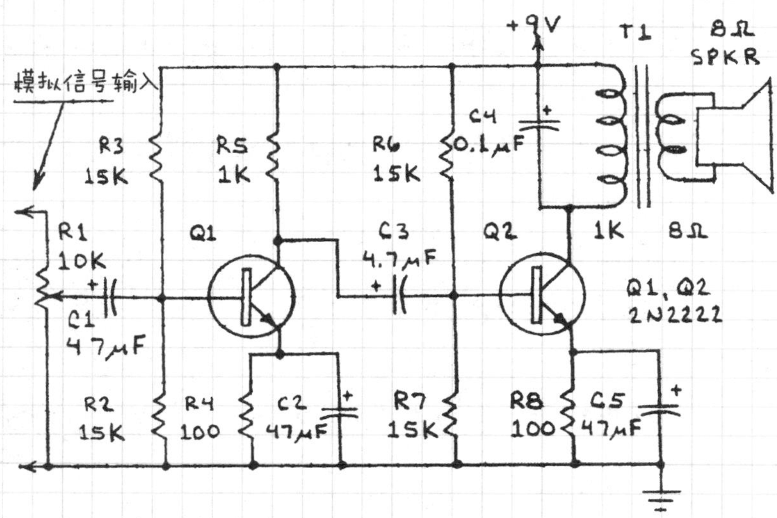

R1 控制扬声器音量。

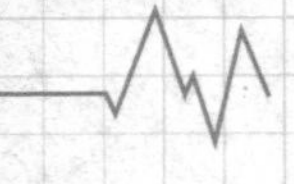

2.10 安全保障措施

由家庭电源或电池驱动的电路会导致危险的电击，使人触电。触电可能会导致心脏停止跳动，触电也会引起强烈的肌肉反射，可能会伤害手臂或腿部，甚至会将你抛到地板上。请遵守以下要求。

1. 误触家庭电源能够致人死亡！只有经验丰富的技术人员才能在通电的情况下在线路供电电路上工作。

2. 经验丰富的技术人员从不单独工作，他们始终将一只手放在口袋里，以防止产生通过身体的放电路径。

3. 大型滤波器和储能电容可以存储几天或更长时间的危险电荷！切勿触摸此类电容的端子！小心地用螺丝刀的金属尖端与绝缘手柄在端子上多次接触，来释放电荷。

4. 儿童和那些没有电子电路工作经验的人不应该尝试维修供电电路。

5. 不要玩电！

6. 在维修线路驱动的设备之后，在通电之前更换所有面板和螺钉。

7. 在使用线供电电路工作时，穿橡胶底鞋，站在干燥的橡胶垫或木质表面上。

3

基本的半导体电路

概述

在这个集成电路芯片时代，人们往往忽略了由单个元器件构成的电路的简单性和经济性。在本章中收录了多达75种的诸如二极管、晶体管、晶闸管以及双向晶闸管等器件的应用电路。这些电路基本是由电阻和电容组成，是大多数半导体电路的基本组成部分。元器件和电路组装方法的细微变化可能导致你的结果与本书描述的不同。

3.1 电路组装技巧

你可以在先无需焊接的面包板上组装测试版本的电路。在测试和实验电路后，你可以在电路板上组装永久性版本，并为电路加上外壳。尽管后面的每个电路都包含特定的元器件值，但是如果对电压、电流和额定功率多加留意，在一定范围内通常是可以进行替换的。比如，一个1.2kΩ的电阻通常可以使用1kΩ的电阻进行替换；一个100kΩ的电位器可以用来代替一个50kΩ的电位器。许多的NPN

型晶体管都可以替换为广泛使用的2N2222。

3.2 电阻

电阻具有阻碍电流流动的特性。电阻的单位是欧姆（Ω）。1V的电势差将迫使1A的电流通过1Ω的电阻。

欧姆定律

电压（V）是电阻两端的电位差。电流（I）是流过电阻的电子流。给定电阻、电压或电流中的任何两个值，第三个值便可根据欧姆定律计算出来：

$V = I \times R \quad I = V/R \quad R = V/I$

也可以计算出电阻的功耗：

$P = V \times I \quad P = I^2 R$

功率的单位是W。当使用欧姆定律的时候所有的值都得到适当表达是十分重要的。比如，65mV的电压应当表达为0.065V。470mW的功率应当表达为0.47W。一个47kΩ的电阻应表达为47×1000Ω或47000Ω。一个2.2MΩ的电阻应表达为2.2×1000000Ω或2200000Ω。

通常你可以使用一个阻值与所需值相差在10%～20%范围内的电阻。总是使用具有适当额定功率的电阻。

串联电阻

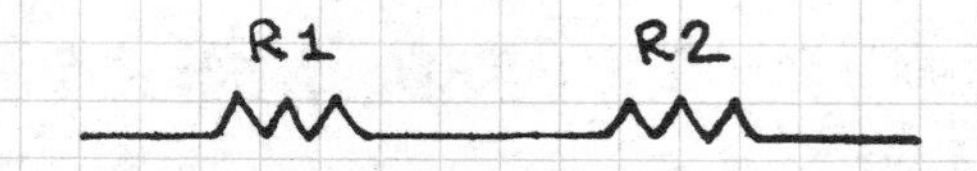

总电阻（R_T）$= R1 + R2$

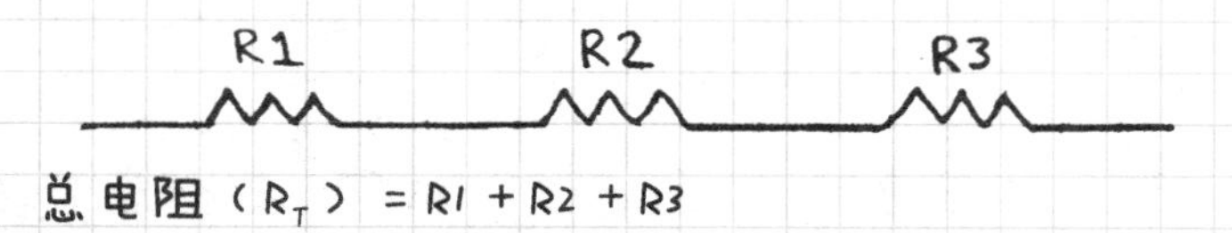

总电阻（R_T）$= R1 + R2 + R3$

并联电阻

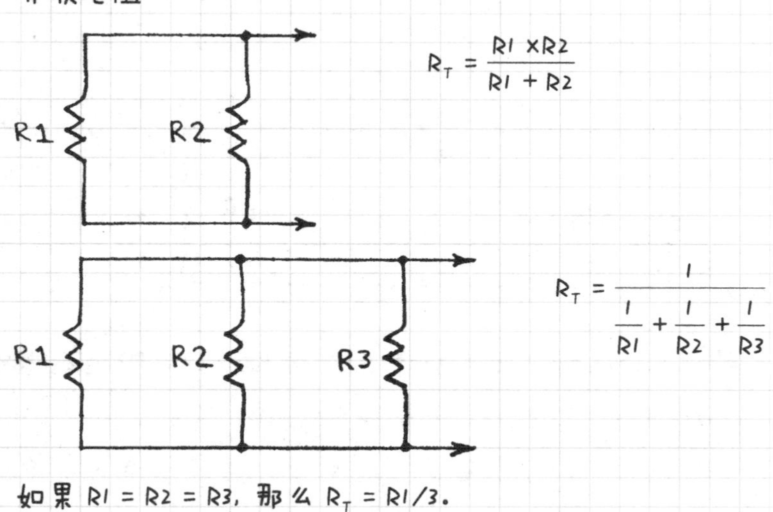

$$R_T = \frac{R1 \times R2}{R1 + R2}$$

$$R_T = \frac{1}{\frac{1}{R1} + \frac{1}{R2} + \frac{1}{R3}}$$

如果 $R1 = R2 = R3$，那么 $R_T = R1/3$。

串并联混合电路

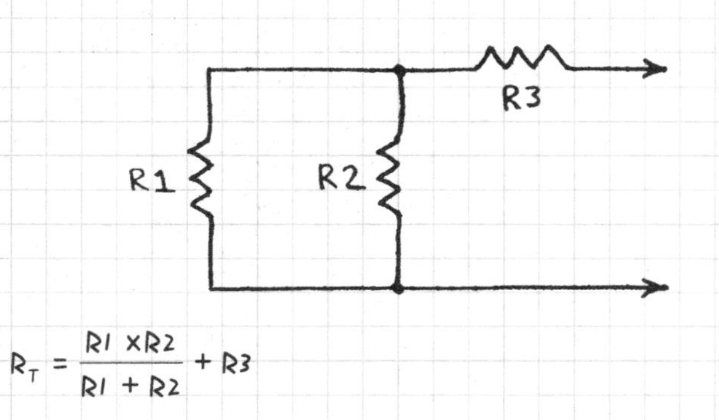

$$R_T = \frac{R1 \times R2}{R1 + R2} + R3$$

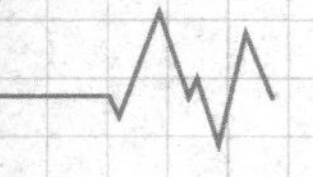

如何使用电阻

限流

电阻可以与诸如灯泡、发光二极管、晶体管等器件串联，来减少从这些器件中流过的电流。请看下面这个例子：

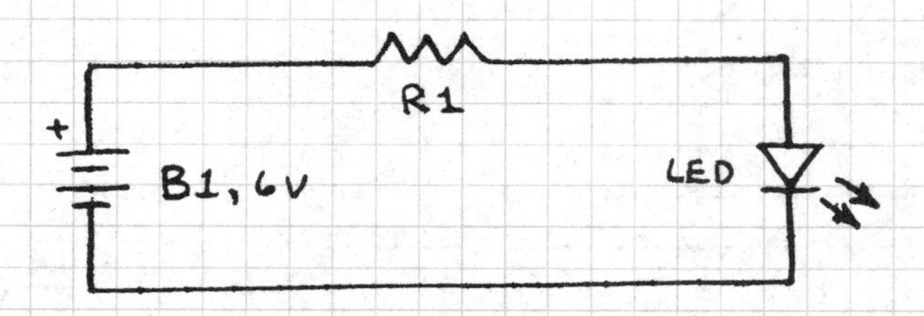

可以通过欧姆定律来计算在串联不同标准阻值的电阻时流过LED的电流。用于求取电流的公式是 $I=V/R$。当LED（红色）正向电压高于1.7V时LED才开始有电流流过。在这种情况下的电流求取公式就变成了 $I=(6-1.7)/R$。

R1/Ω	LED 电流/A
100	0.043
150	0.029
220	0.020
270	0.016
330	0.013

分压

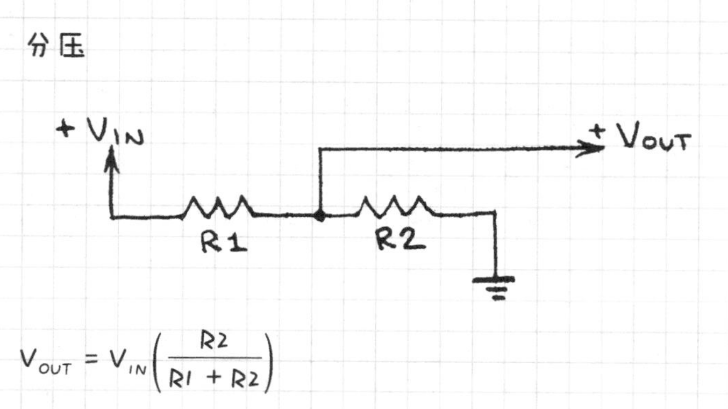

$$V_{OUT} = V_{IN}\left(\frac{R2}{R1 + R2}\right)$$

惠斯顿电桥

惠斯顿电桥可以进行非常精确的电阻值测量。下面是基础电路：

R1-R2 和 R3-R4 组成了两个分压部分。当 a 点的电压与 b 点的电压相等时，仪表表现出没有电压变化，此时的电桥被认为是处于平衡状态。在这种情况下，R1/R3 = R2/R4。

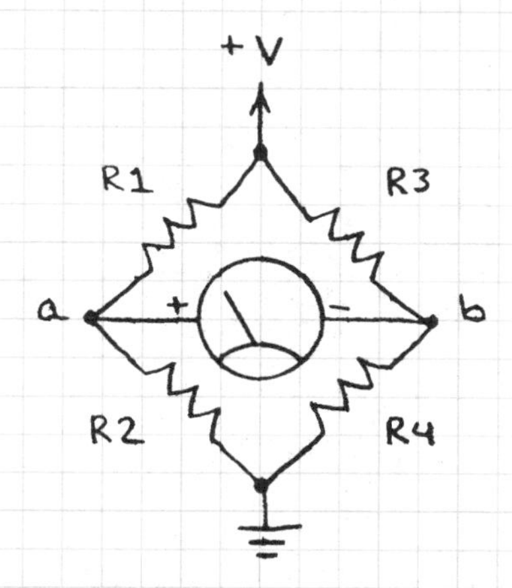

该电桥可以精确测量未知电阻的阻值（R3）。R1 和

R2 应使用精密电阻（1% 精度）. R4 是带刻度盘的电位计. R5 用于调节来自电源的电流. R6 和 S1 形成一个保护 M1 的分流器. 调节 R4 的阻值, 直到 M1 变为 0. 按下 S1 并重复上述操作. R3 = R4. 如果 R1 ≠ R2, 那么 R3 = (R1 × R4) / R2.

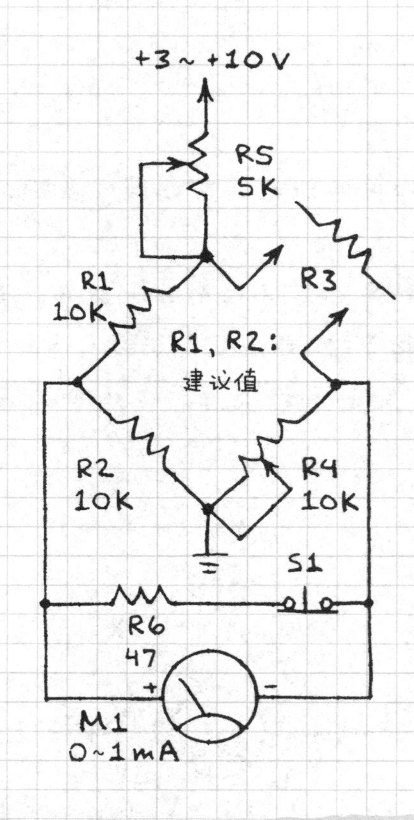

3.3 电容

电容能够存储电荷. 电容的单位是法拉 (F). 1F 的

电容两端接上1V的电压后能够存储6.28×10^{18}个电子。大多数电容的容量相当少。一般的电容范围是从几皮法（10^{-12}F）到几千微法（10^{-6}F）之间。

$1\mu F=10^{-6}F$

$1nF=10^{-9}F$

$1pF=10^{-12}F$

电容可以在接入电源的很短时间——可以说是一瞬间——就被充满电。可以通过串联一个电阻的方式加长充电时间。

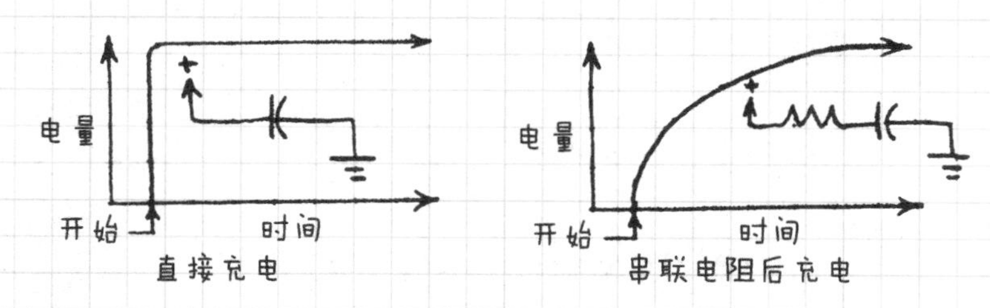

直接充电　　串联电阻后充电

充过电的电容所含电量会逐渐地泄漏出去。可以通过将一个电阻与电容并联的方法减少放电所需的总时间。

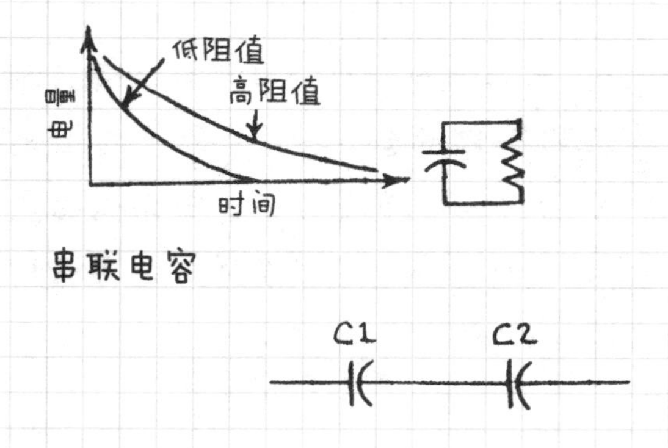

串联电容

$$总电容(C_T)=\frac{C1\times C2}{C1+C2}$$

C1 C2 C3

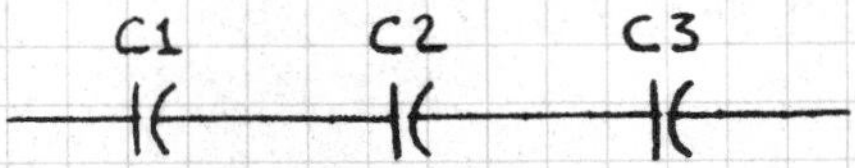

$$总电容(C_T)=\frac{1}{\frac{1}{C1}+\frac{1}{C2}+\frac{1}{C3}}$$

并联电容

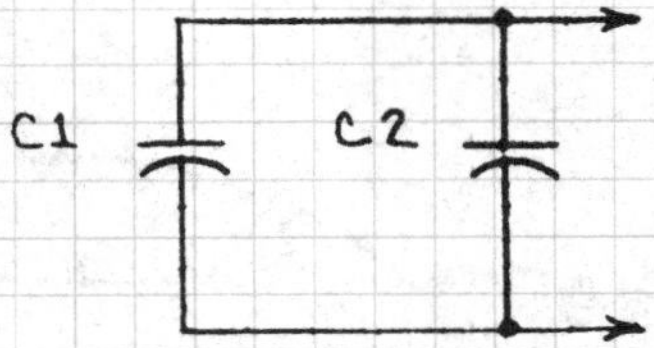

C1 C2

$C_T=C1+C2$

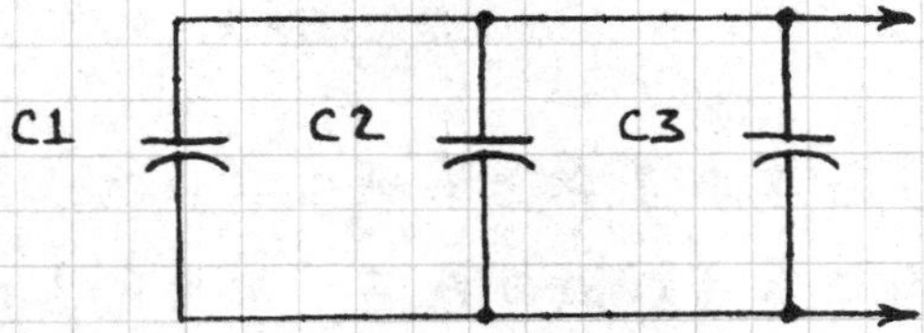

C1 C2 C3

$C_T=C1+C2+C3$

注意!

充电电源关闭后，大多数电容中的电量可以保持相当长的时间。因此在使用电容时要小心。一个大电解电容只需充电到5~10V电压时便可使短接在电容两端的螺丝刀的尖端熔化！电视机和照相闪光灯装置中的高压电容可以存储足够致命的电荷量！

如何使用电容

信号过滤

单个电容可以把不需要的信号转移接地。

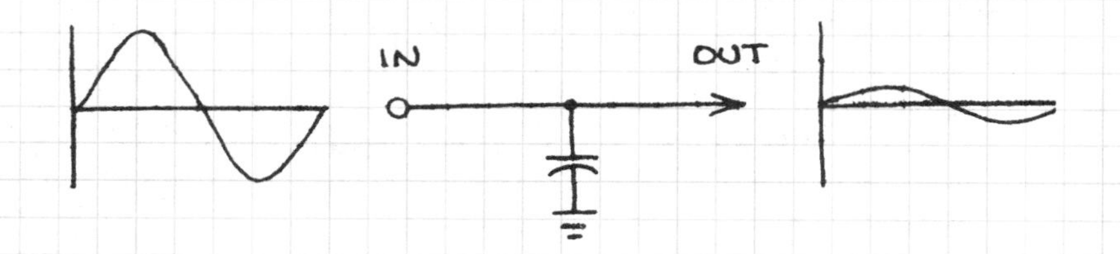

单个电容可以从波动信号中去除不需要的直流分量。

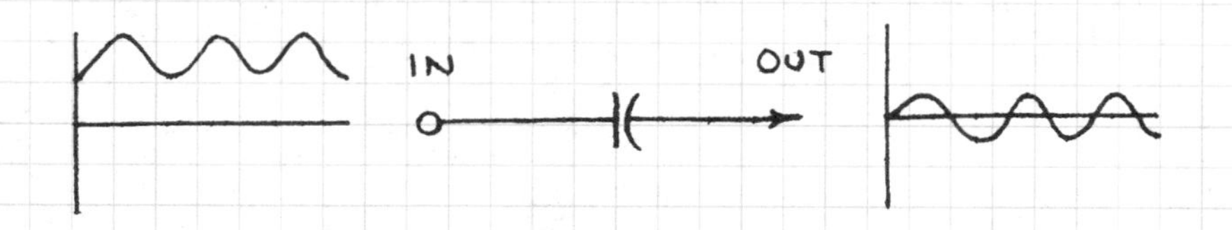

电源滤波

一个大的电容可以将电源的脉动电压平滑为稳定的直流电。

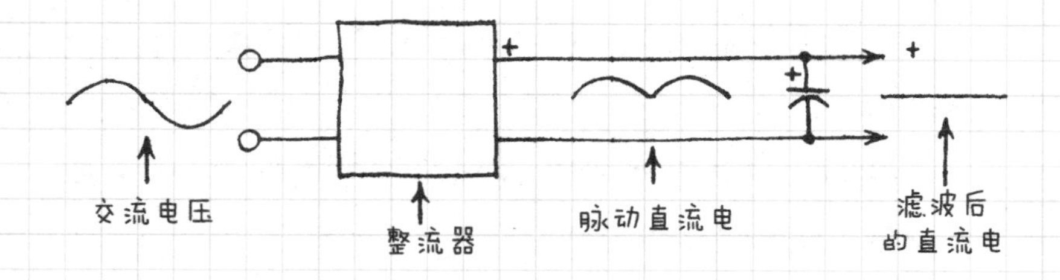

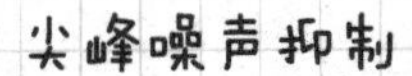

尖峰噪声抑制

逻辑芯片电源引脚上的0.1μF电容将有助于抑制短暂的电源噪声尖峰引起的错误触发。

3.4 RC电路

在所有电路中最重要也是最基本的电路就是RC电路：

积分器

积分器是一个RC电路，将输入的方波转换成三角波。

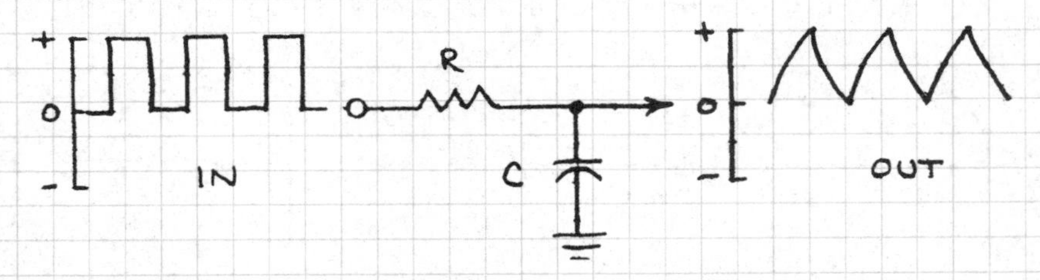

R×C得到的是电路的时间常数，其值必须至少为输入信号的周期的10倍。否则，输出信号的幅度将减小，该电路将成为一个阻塞高频的低通滤波器。

微分器

微分器是一个RC电路，将输入的方波转换成脉冲或尖峰波形波。

R×C时间常数必须最多为输入信号周期的1/10。微分器通常用于创建触发脉冲。

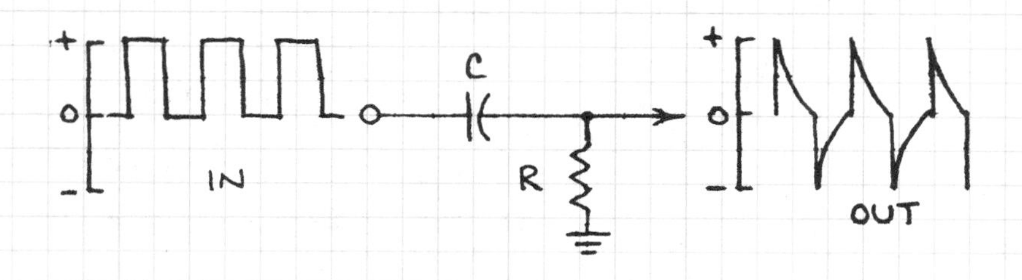

3.5 二极管及整流器

二极管和整流器都是具有单向导电性质的半导体器件。二极管只有在电压超过一个阈值电压的时候才能导通，这一点一定要理解牢记。对于硅二极管来说其阈值电压是0.6V，而锗二极管的阈值电压则大约是0.3V。下图总结了二极管是如何工作的。

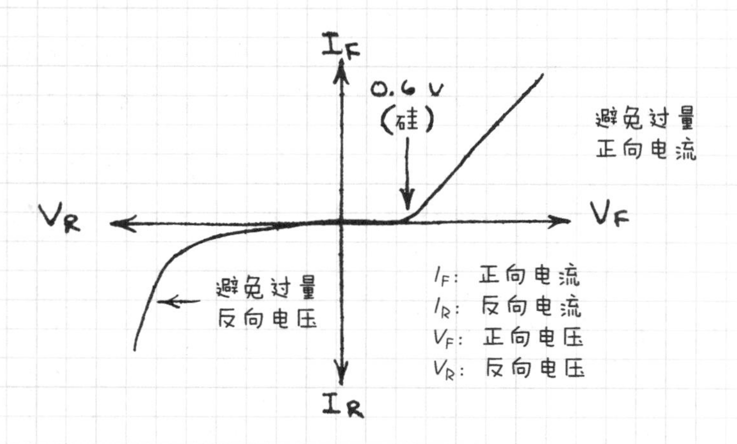

3.5.1 降压电路；稳压器

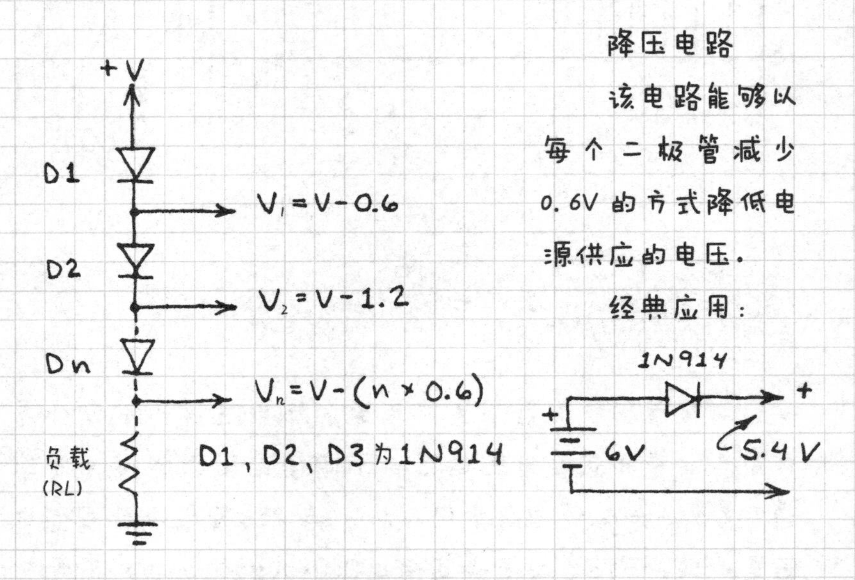

降压电路

该电路能够以每个二极管减少0.6V的方式降低电源供应的电压。

经典应用：

可以使用6V电源为TTL芯片供电。

稳压器

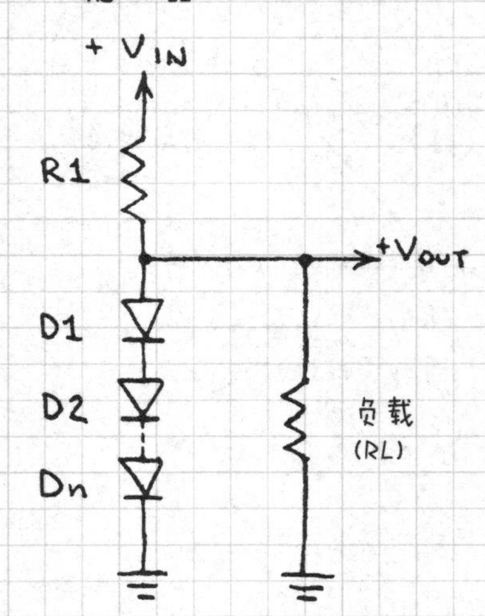

该电路将提供稳定的输出电压，该输出电压等于各个二极管导通（阈值）电压的总和。因此，$R1 = (V_{IN} - V_{OUT})/I$

注意：D1和R1必须有适当的额定功率（使用欧姆定律计算）。

3.5.2 三角波到正弦波转换器

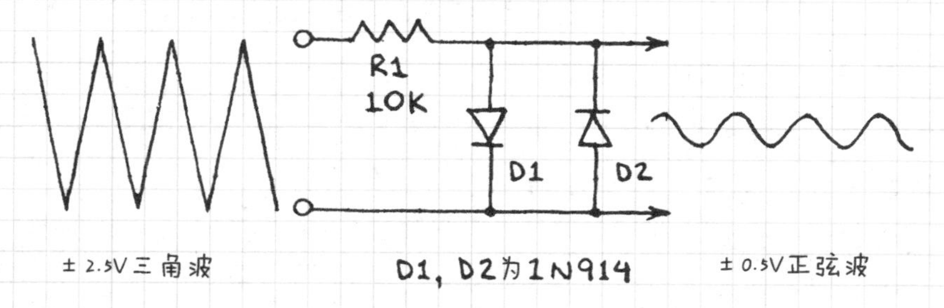

3.5.3 峰值读数电压表

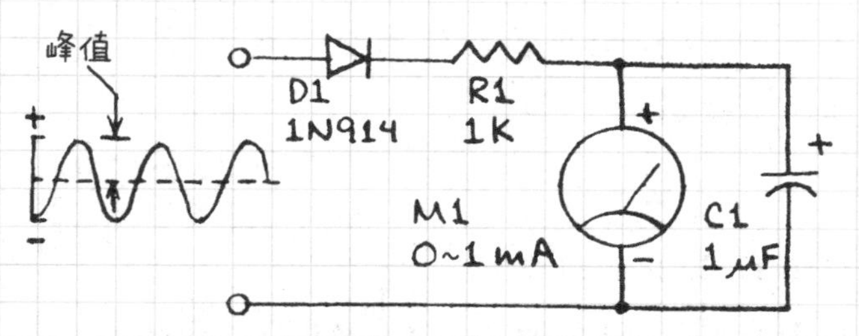

为了得到最好的结果，M1使用数字万用表，用于读取电压。输入的信号频率需要足够高，以保证C1能够被充电。

3.5.4 保护电路

3.5.4.1 反极性保护器

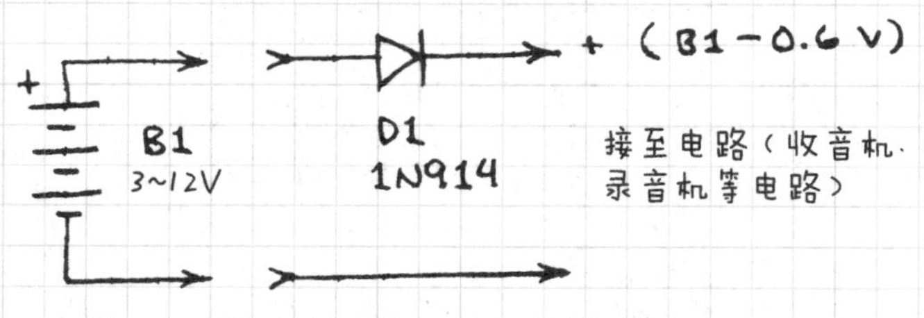

二极管能保护电路免遭电池反极性安装导致的损坏。

3.5.4.2 瞬态保护器

当流过电感的电流突然切断时，塌缩的磁场会在电感线圈中产生高压。该电压尖峰可能具有数百甚至数千伏的幅度。二极管可以通过为高压尖峰提供短路来保护电感所连接的电路。比如：当驱动电路关闭继电器时，继电器的线圈会产生高压尖峰，D1将使这个高压尖峰短路。

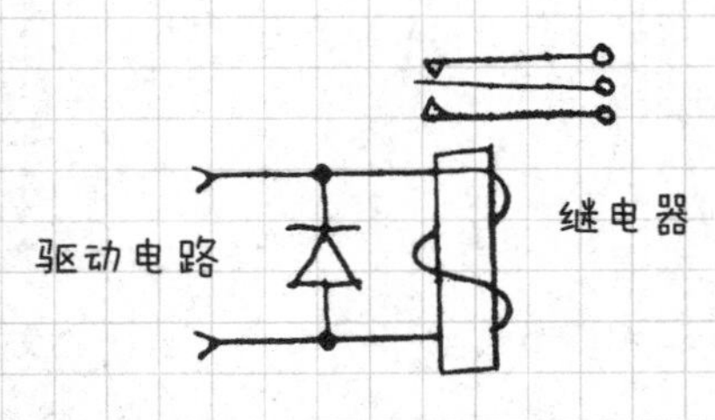

注意：D1在接通时间无效。

3.5.4.3 仪表保护器

在仪表端子上连接一个二极管以提供反向电流保护。

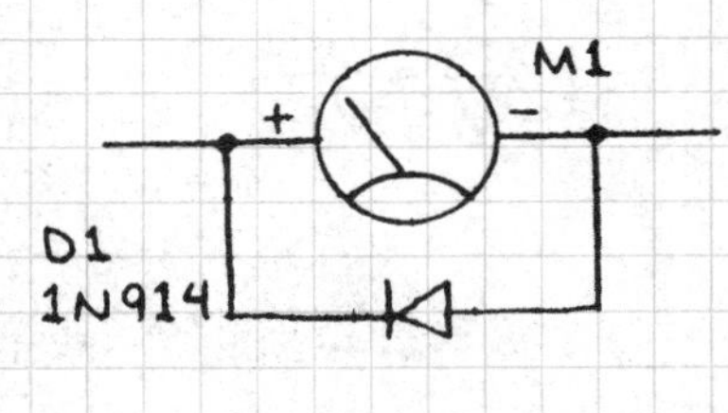

3.5.5 削波限幅电路

3.5.5.1 可调斩波器

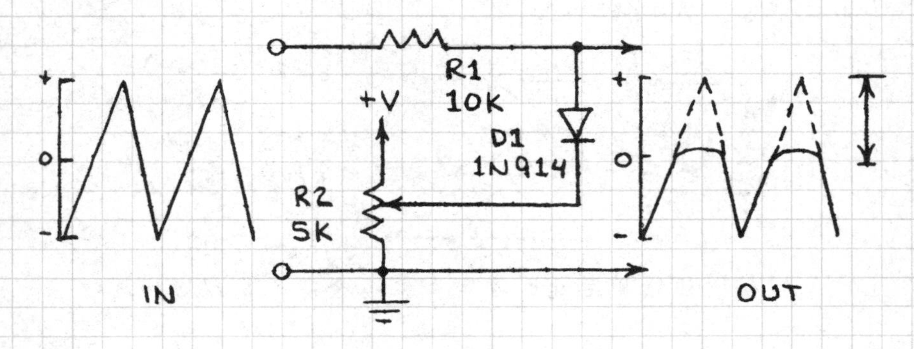

调整 R2 来控制削波幅度。+V 应该比输入电压峰值高 1V。

3.5.5.2 可调衰减器

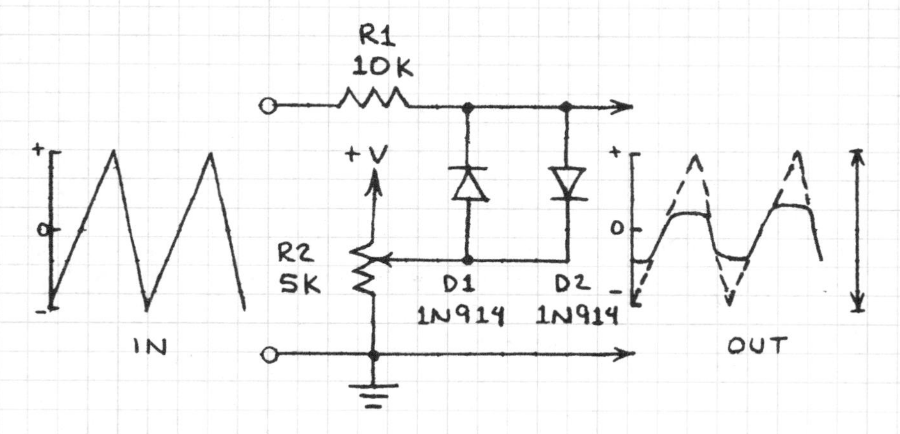

这是可调斩波器的双极性（+/-）版本。

3.5.5.3 音频限制器

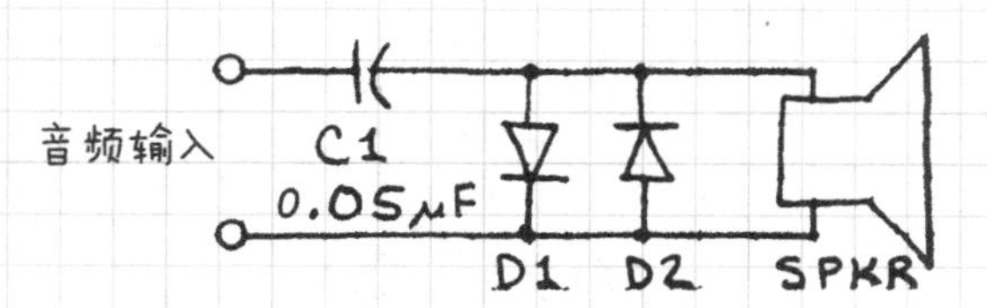

用来限制噪声、爆音和静电。

3.5.6 半波、全波整流器

3.5.6.1 半波整流器

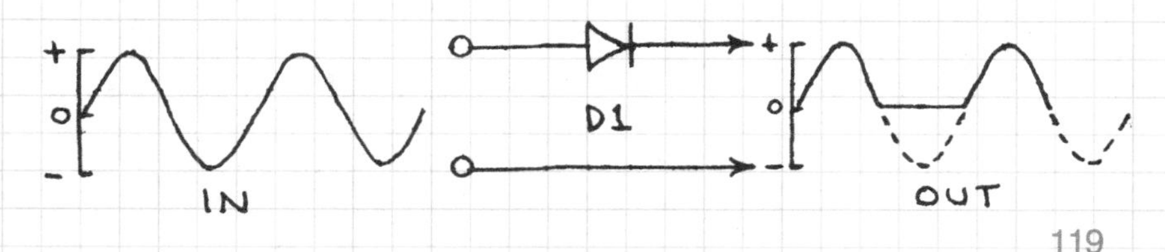

D1是将额定电压作为输入电压的任何二极管。这个电路被用来将交流电变换成脉动直流电，还可用于检测调制的无线电信号。

3.5.6.2 双半波整流器

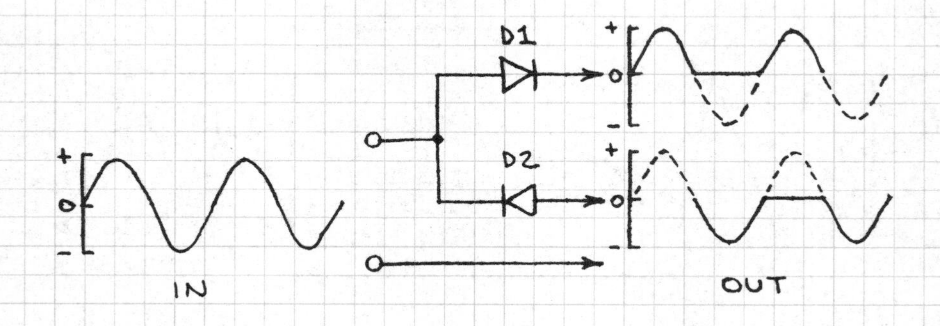

这个电路将交流电的正负两半波都转换成脉动直流。

3.5.6.3 全波整流器

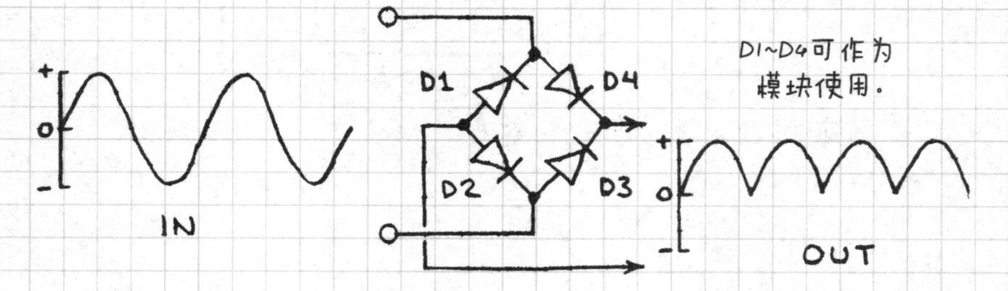

也被称为桥式整流器。用于将交流波的正负两半波转换为直流。

3.5.7 电压倍增器

3.5.7.1 级联电压倍增器

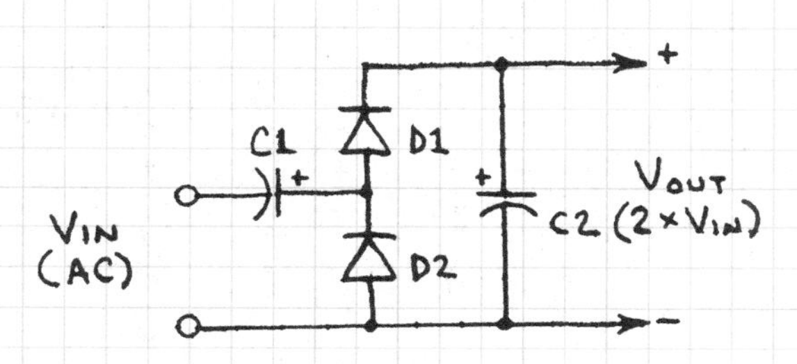

元器件的电流额定值应为 2 $\times V_{IN}$。使用大值电容来减少纹波。

3.5.7.2 电桥倍压器

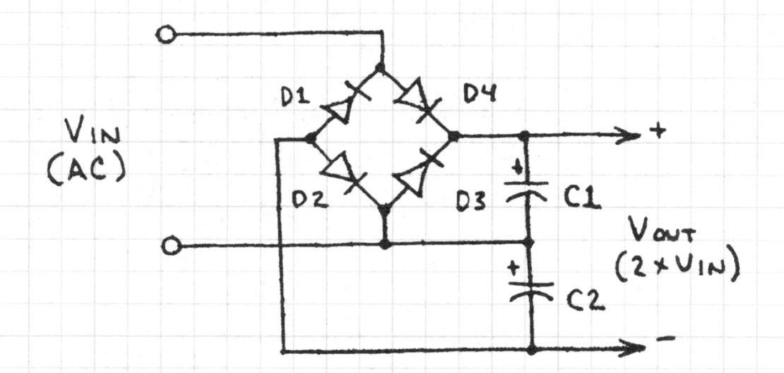

元器件的电流额定值应为 2 $\times V_{IN}$。可以使用桥式整流器模块替换 D1、D2、D3 和 D4 四个二极管。

3.5.7.3 电压四倍器

元器件的电流额定值应为 2 $\times V_{IN}$。使用大值电容来减

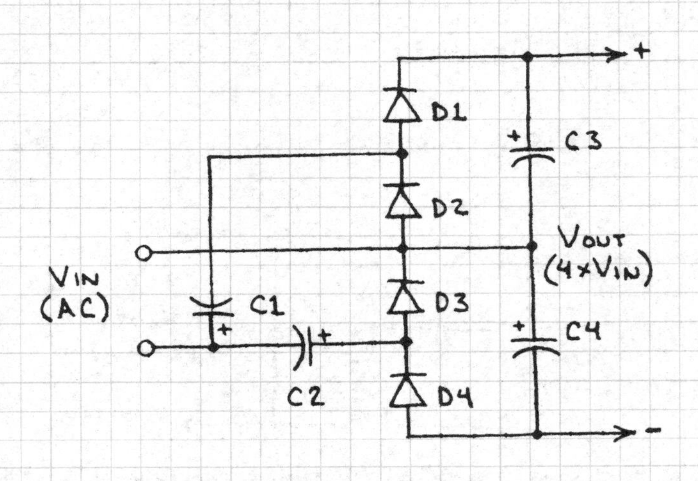

少纹波。

注意：电压倍增电路能够产生高压，请小心使用！

3.5.8 二极管逻辑门

这个简单的逻辑电路可以用来教授数字逻辑的基础知识和实际应用。

3.5.8.1 或门

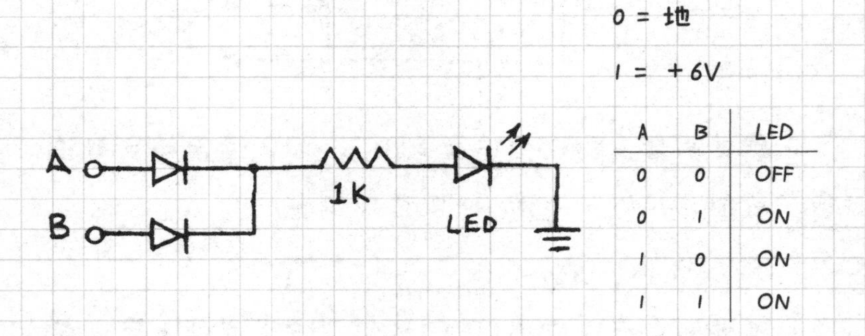

A	B	LED
0	0	OFF
0	1	ON
1	0	ON
1	1	ON

3.5.8.2 或非门

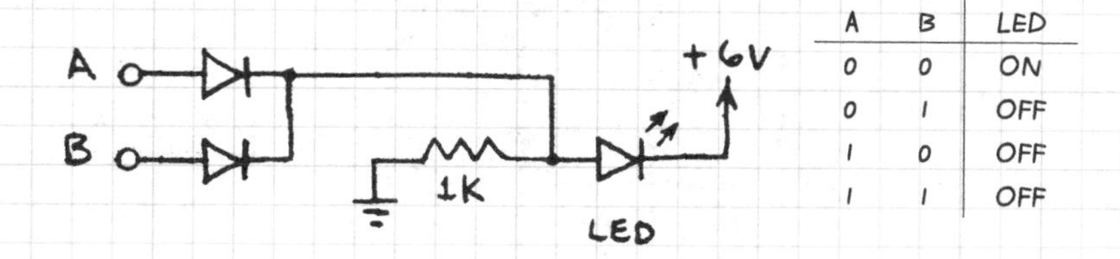

A	B	LED
0	0	ON
0	1	OFF
1	0	OFF
1	1	OFF

3.5.8.3 与门

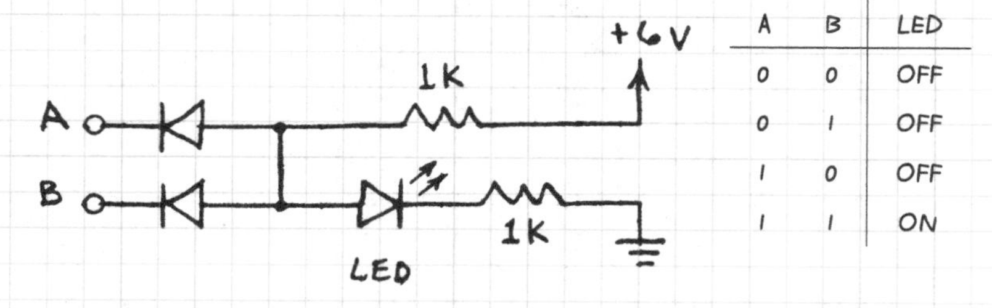

A	B	LED
0	0	OFF
0	1	OFF
1	0	OFF
1	1	ON

3.5.8.4 与非门

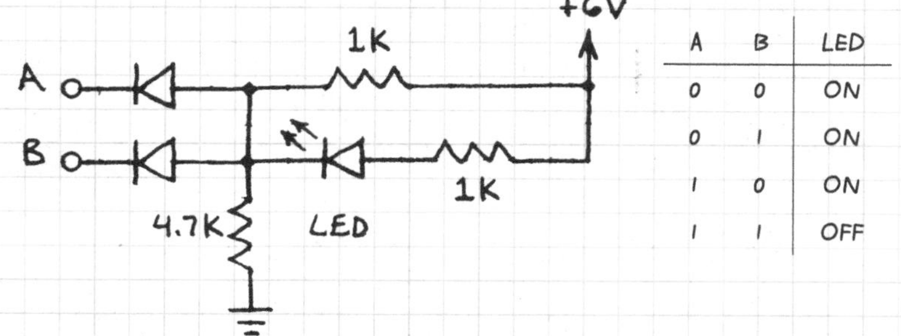

A	B	LED
0	0	ON
0	1	ON
1	0	ON
1	1	OFF

注意：未标记的二极管使用1N914（或类似的二极管）.

3.5.9 十进制到二进制编码器

这个电路是可编程的只读存储器（PROM），使用的是1N914二极管.

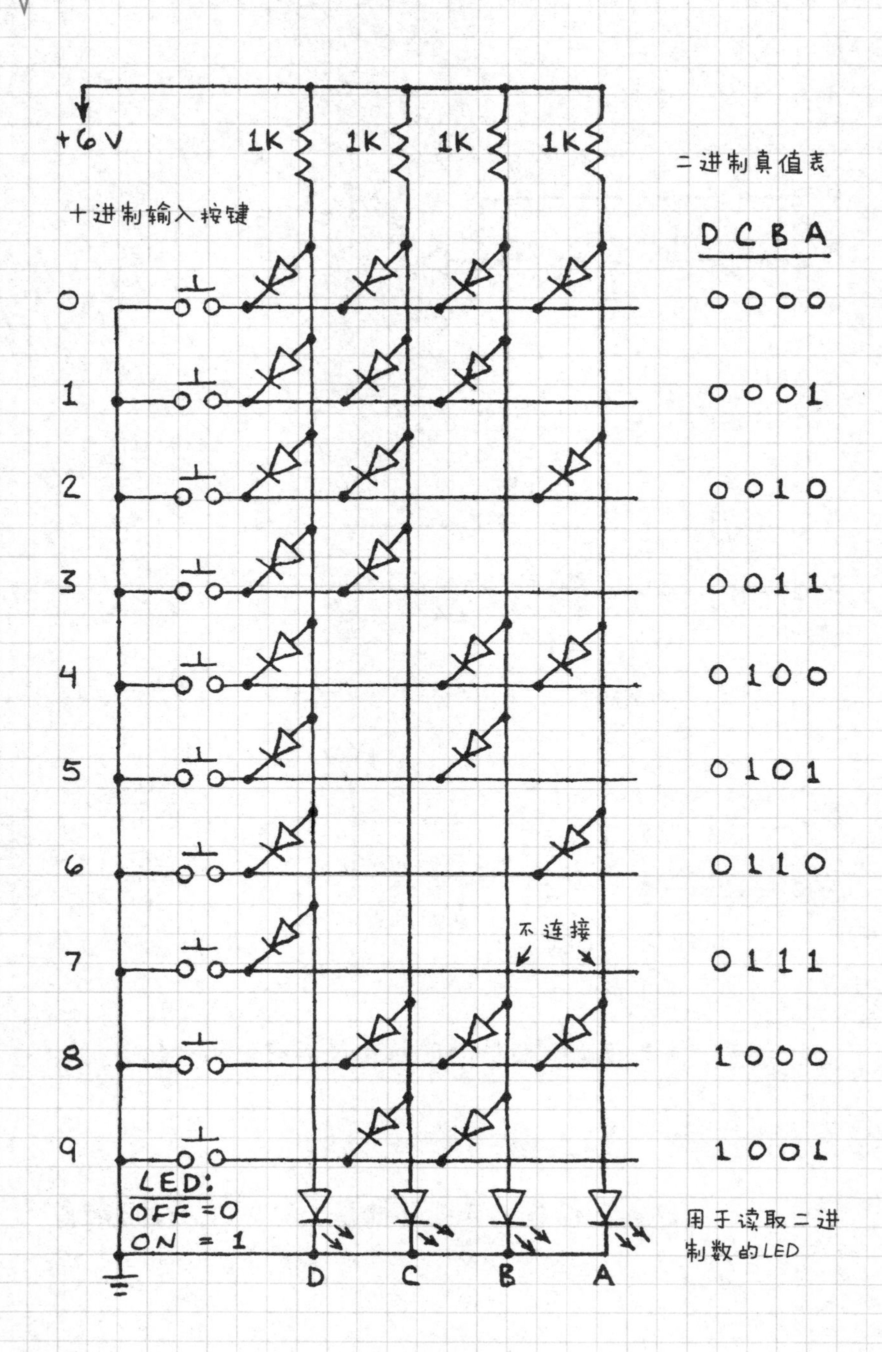
+6V
1K
1K
1K
1K
十进制输入按键
二进制真值表
D C B A
0
1
2
3
4
5
6
7
8
9
0000
0001
0010
0011
0100
0101
0110
0111
1000
1001
不连接
LED:
OFF=0
ON = 1
D
C
B
A
用于读取二进制数的LED

3.6 稳压二极管

普通二极管在反接时是无法导通电流的，而齐纳（稳压）二极管是专门为反接设计的。当反向电压超过阈值（击穿电压）时，齐纳二极管反向导电。因此齐纳二极管是一个电压敏感开关。下图概括了齐纳二极管的工作情况：

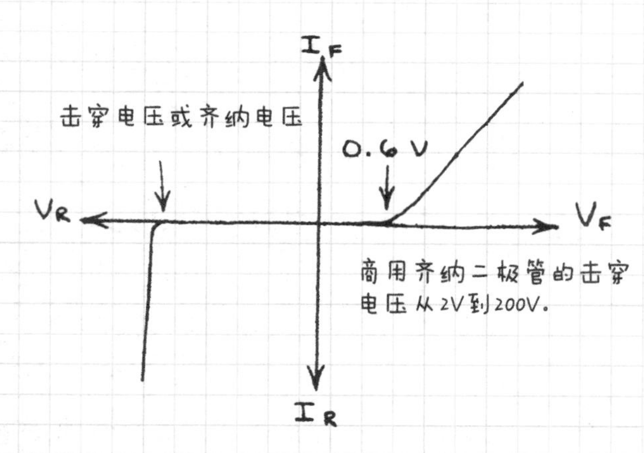

3.6.1 调压器模式

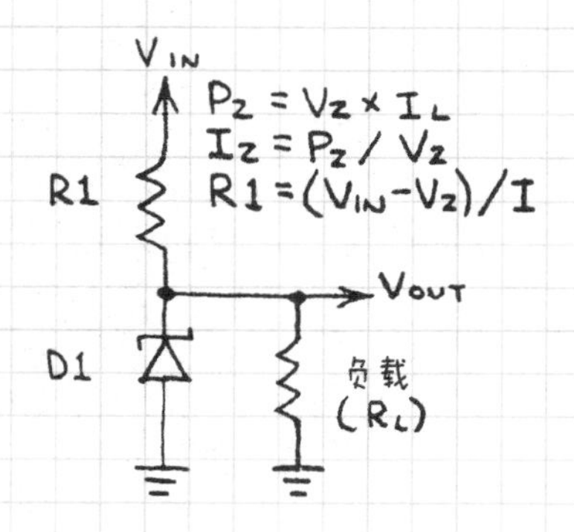

I_L：最大负载电流

I_Z：最大齐纳二极管电流

I：R1电流

V_Z：齐纳二极管电压

P_Z：齐纳二极管功率

V_{in} 必须至少比 V_{out} 高 1V。I_L 可以从 0mA 变化到最大预定值。D1 和 R1 的功率必须适当（通过欧姆定律计算）。

调压器示例：

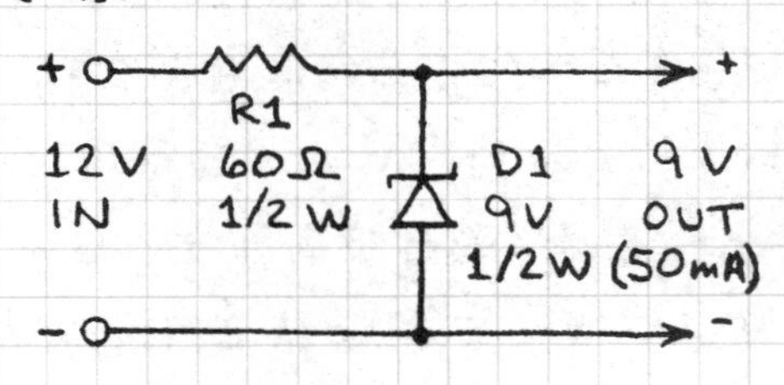

3.6.2 电压指示器

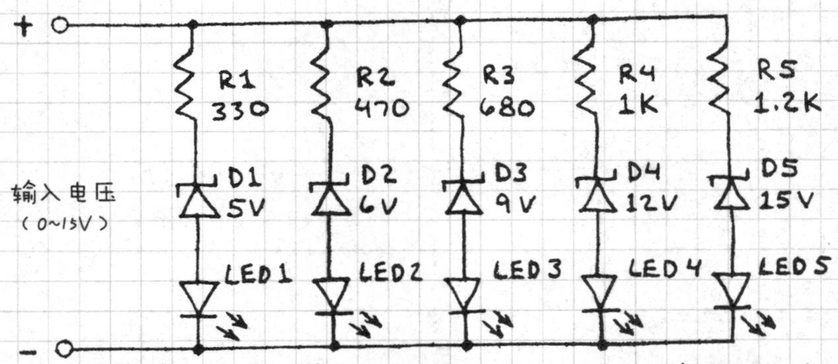

随着输入电压升高，LED 依次发光。在保证串联电阻能够将电流限制在安全值范围内的情况下，可以使用不同的齐纳二极管。

3.6.3 电压变换器

示例（D1=6.2V）：

V_{IN}/V	V_{OUT}/V
5	0
6	0.36
9	3.17
12	6.37
15	9.27

3.6.4 波形限幅器

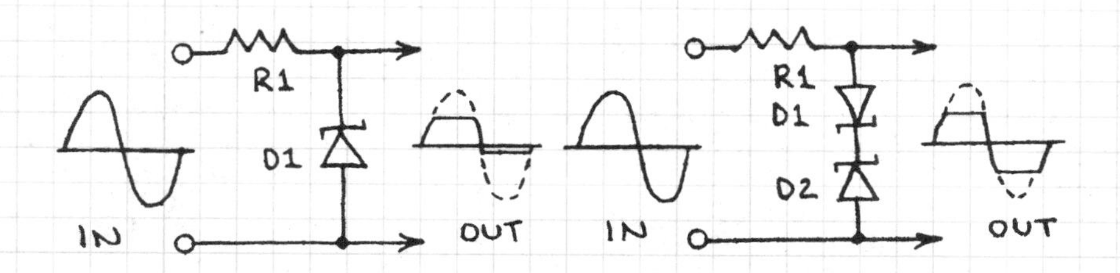

用来降低输入信号的电平。也可将正弦波转换为近方波。

正负周期的波都被截平（当 D1 = D2 时峰值相同）。用作扬声器和话筒的爆音滤除。（译者注：用以滤除短暂较尖锐的声音。）

3.7 双极型晶体管

双极型晶体管是三端半导体器件，其中一个端子的小电流可以控制第二个和第三个端子之间流动的大得多的电流。这意味着晶体管可以同时用作放大器和开关。双极型晶体管根据其三个区域中所含的掺杂分类为 NPN 或 PNP。

3.7.1 基本开关和放大器

3.7.1.1 晶体管基本开关功能

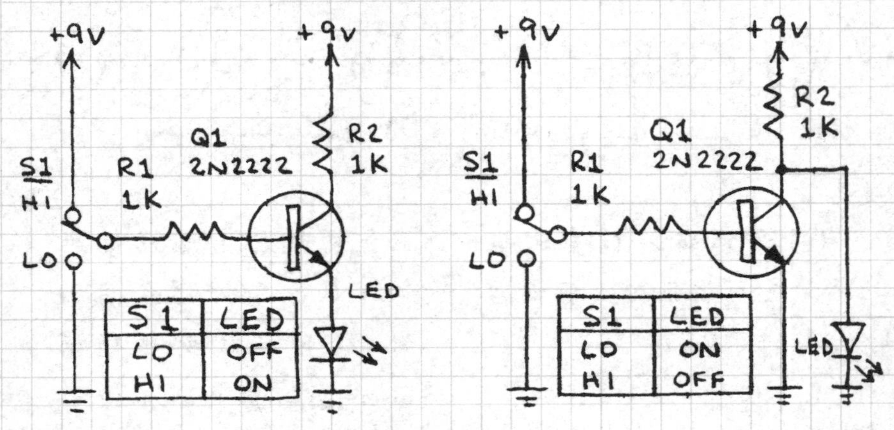

3.7.1.2 晶体管基本放大功能

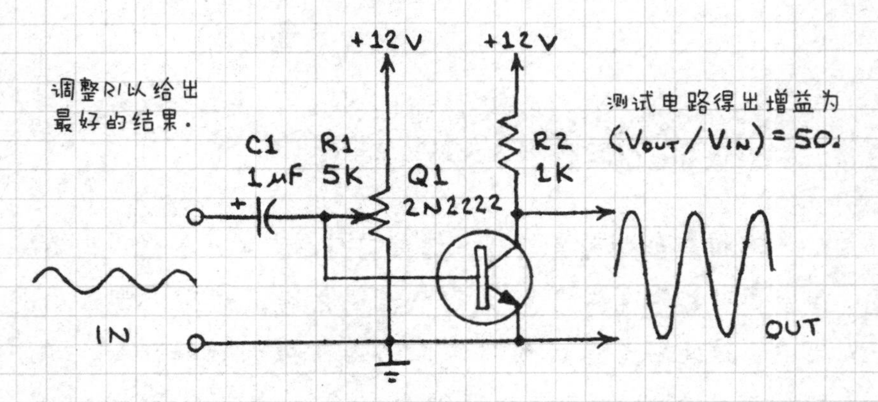

3.7.2 继电器驱动器和中继控制器

3.7.2.1 继电器驱动器

当输入为正时，继电器导通.

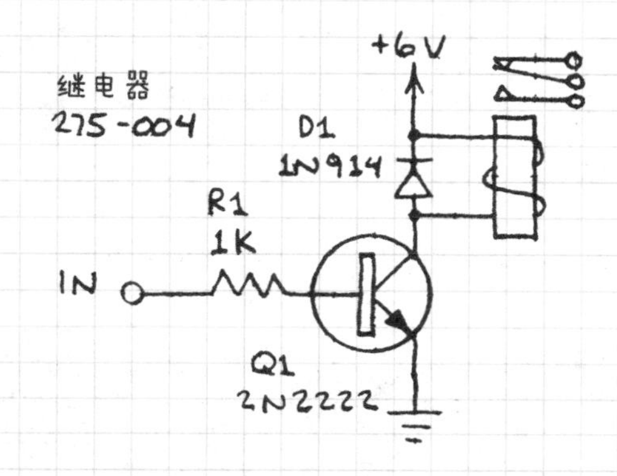

应用：

电阻式传感器或湿度传感探头

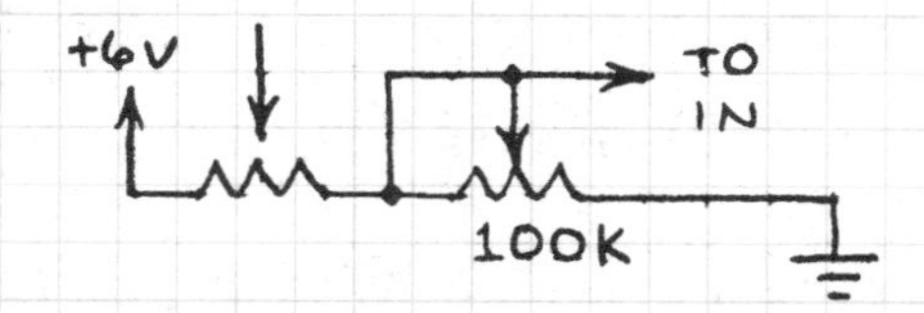

3.7.2.2 中继控制器

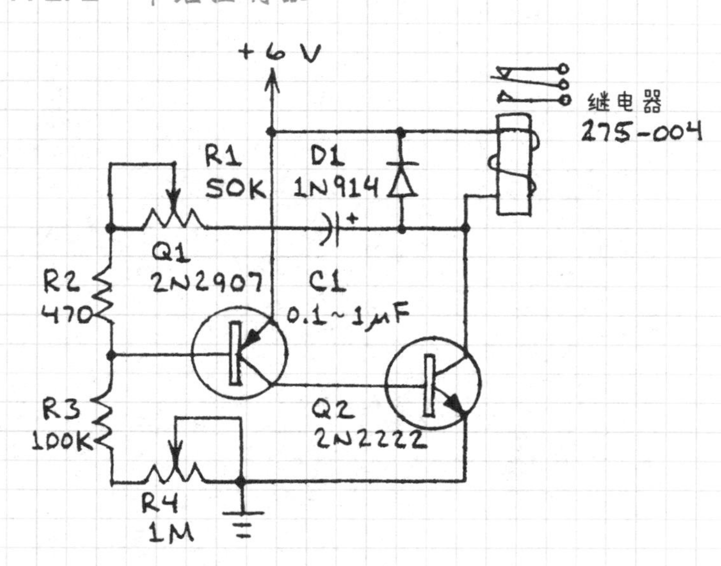

提供驱动脉冲序列的中继. R1 和 C1 控制脉冲频率,时间继电器被每个脉冲闭合. R4 控制脉冲频率. 用于控制闪光灯和电动机.

3.7.3 LED 调节器

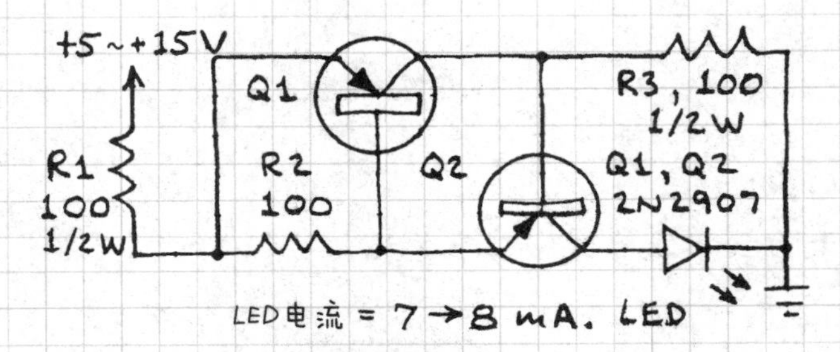

在电源电压变化时提供恒定电流.

3.7.4 晶体管放大器和晶体管混频器

3.7.4.1 3V 扬声器放大器

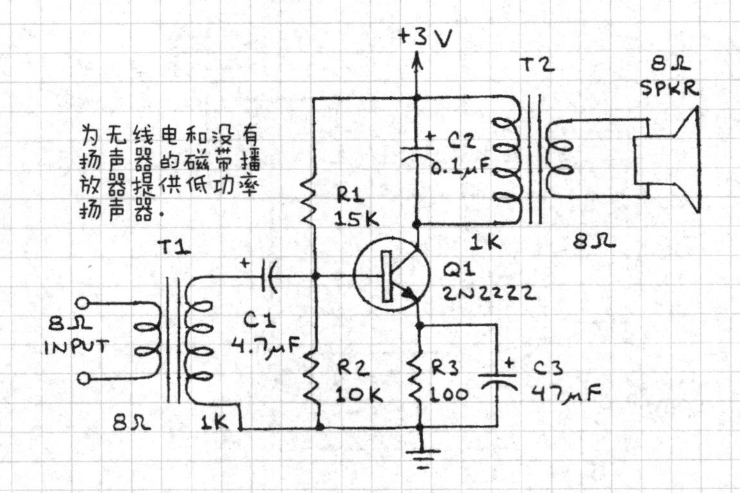

3.7.4.2 2级扬声器放大器

这个电路输入部分不需要变压器。

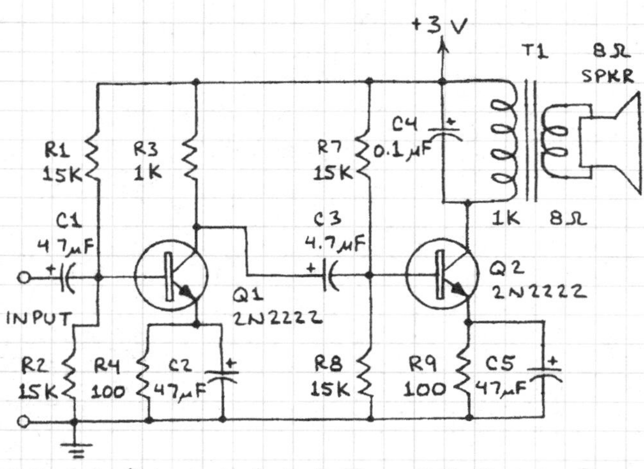

用于给收音机和没有扬声器的磁带播放机提供低功率扬声器。

3.7.4.3 麦克风前置放大器

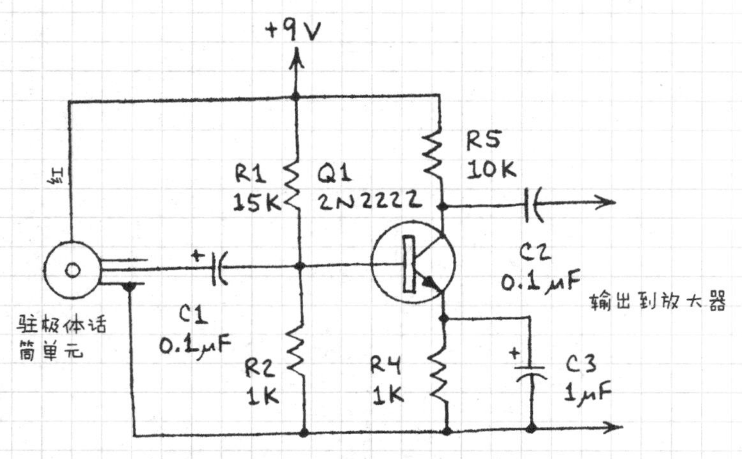

用于录音机、公共广播系统和便携式放大器。

3.7.4.4 音频混合器

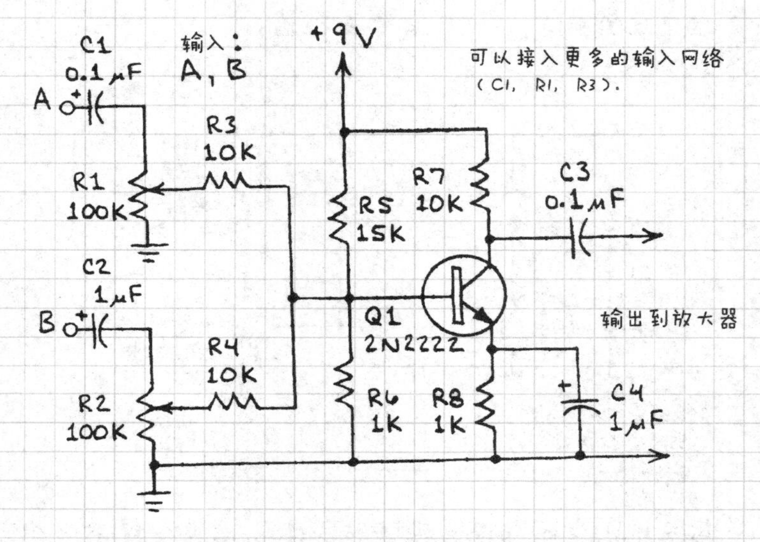

用来组合来自两个（或多个）放大器、麦克风等的信号。

3.7.5 音频振荡器

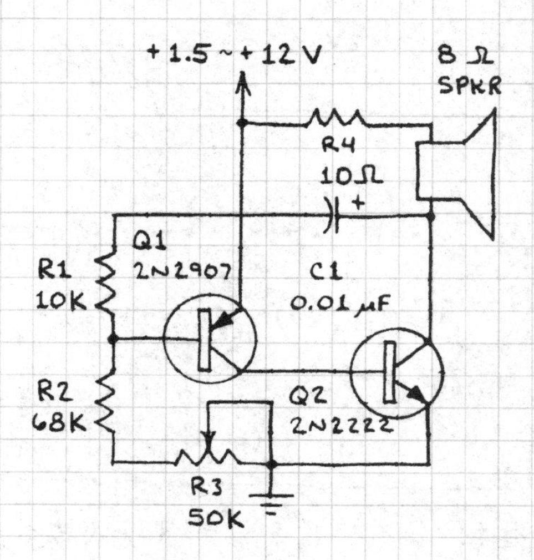

根据数据显示，这个电路曾创造了高达数千赫兹的音频音调。频率由R3控制，Q1和Q2可被其他不同晶体管替换。通过增大C1来降低声音频率。

3.7.6 节拍器

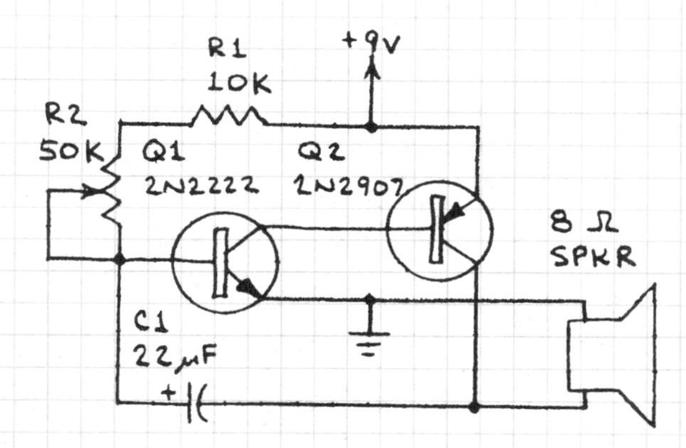

这个电路是上面电路的一个变种。R2控制节拍频率。Q1和Q2可以用其他的晶体管代替。

3.7.7 逻辑探头

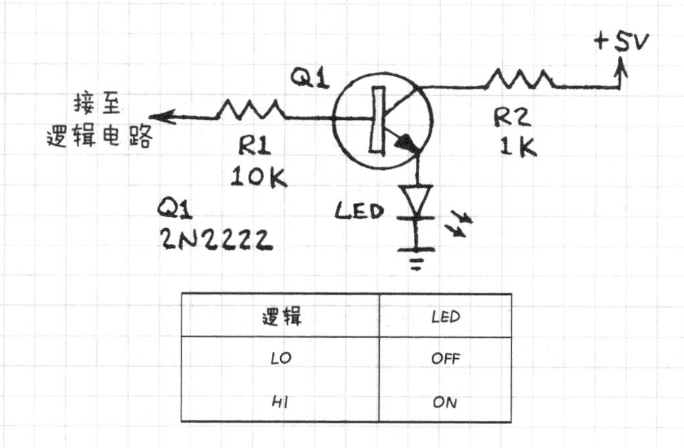

逻辑	LED
LO	OFF
HI	ON

3.7.8 可调警笛

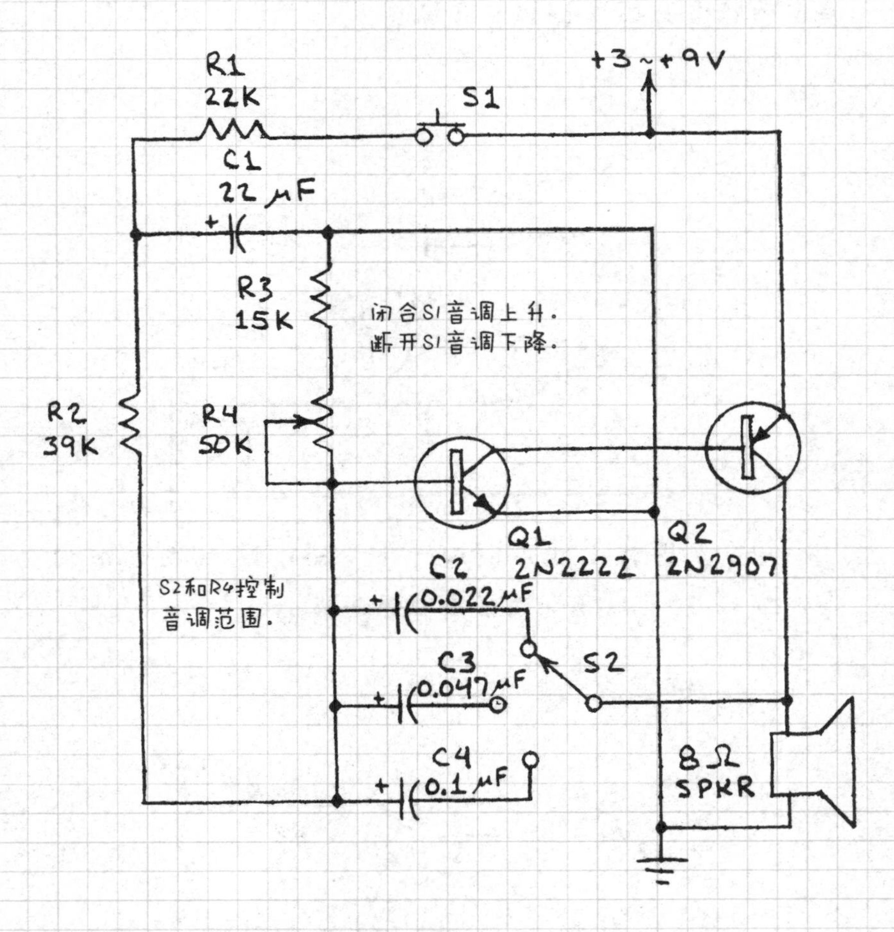

3.7.9 音频噪声发生器

用于产生模糊声音等各种声音特效，用作测试室声学的噪音源。

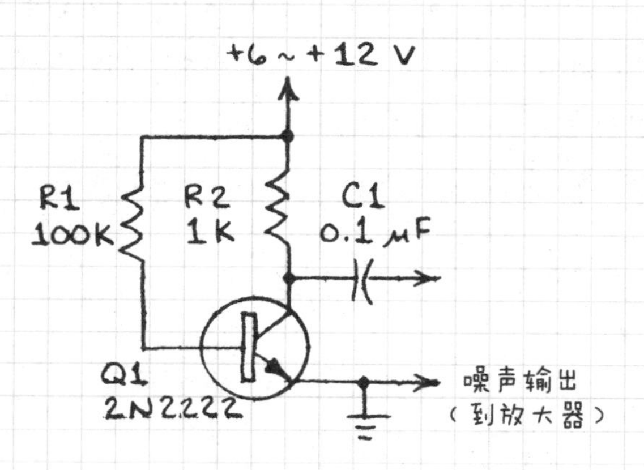

3.7.10 单晶体管振荡器

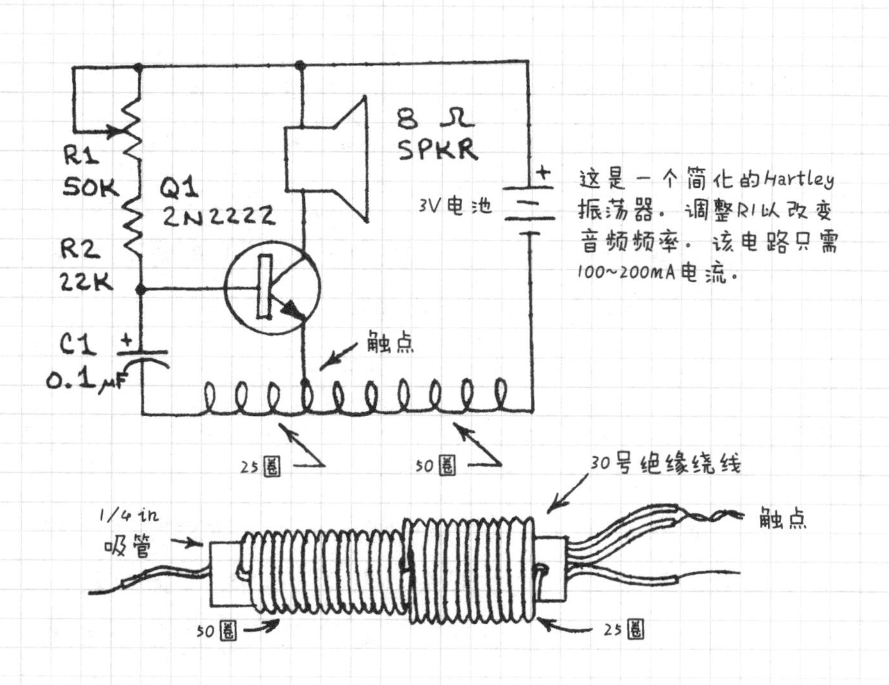

线圈：在吸管上打两个1.125in的小孔，在第一个孔中插入导线，缠绕50圈，在第二个孔中插入导线环，并回绕25圈。穿过第一个线圈的插孔并插入线头。

触点：切断线圈并把裸露的电线拧在一起。

3.7.11 开关去抖动电路

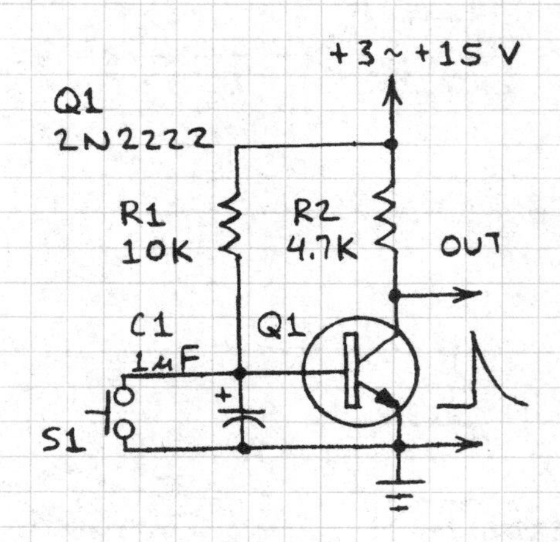

向逻辑电路提供单个触发脉冲。开关本身会在关闭时“反弹”脉冲，造成错误的脉冲。

为使脉冲之后锁定S1 1s，C1取220μF。

3.7.12 微型射频发射机

这个电路是在20世纪50年代后期由R. Stewart Mackay博士和其他医学研究人员开发药丸大小的生物遥测发射器之后制作的。这个发射机仍然是有史以来最小的发射机之一。

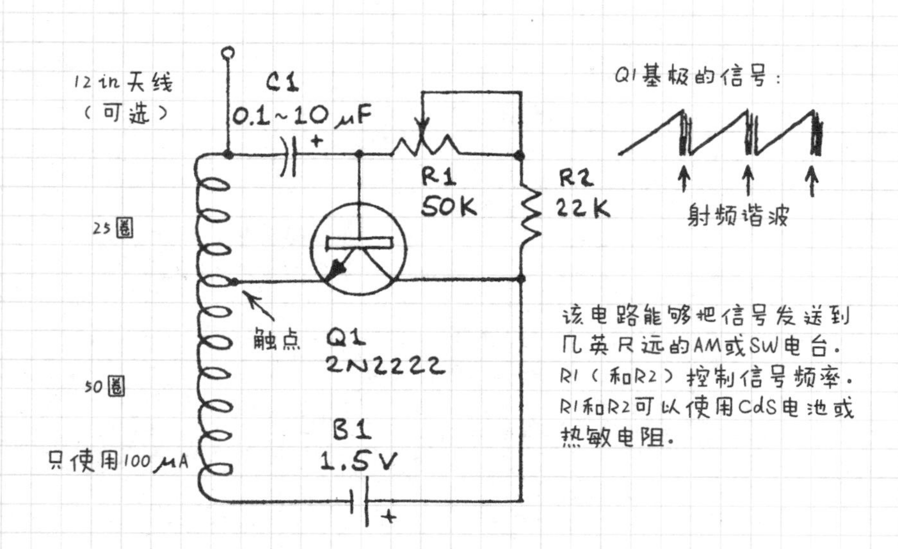

线圈：使用上一页上显示的线圈或使用1/2in长度的苏打吸管和30号电磁线制成更小的线圈。烧掉线圈末端1/4in的清漆（使用火柴），然后用细砂纸轻轻磨光烧焦的清漆。

B1：使用手电筒电池或汞或氧化银按钮电池。注意：绝对不要试图将微型电池焊接到线路中，否则将导致电池爆炸！

C1：0.1μF时发出音频音调；10μF时发出可听到的咔嗒声。将铁氧体磁心或钢钉插入线圈以改变信号。使用微型电解电容。

3.7.13 频率计

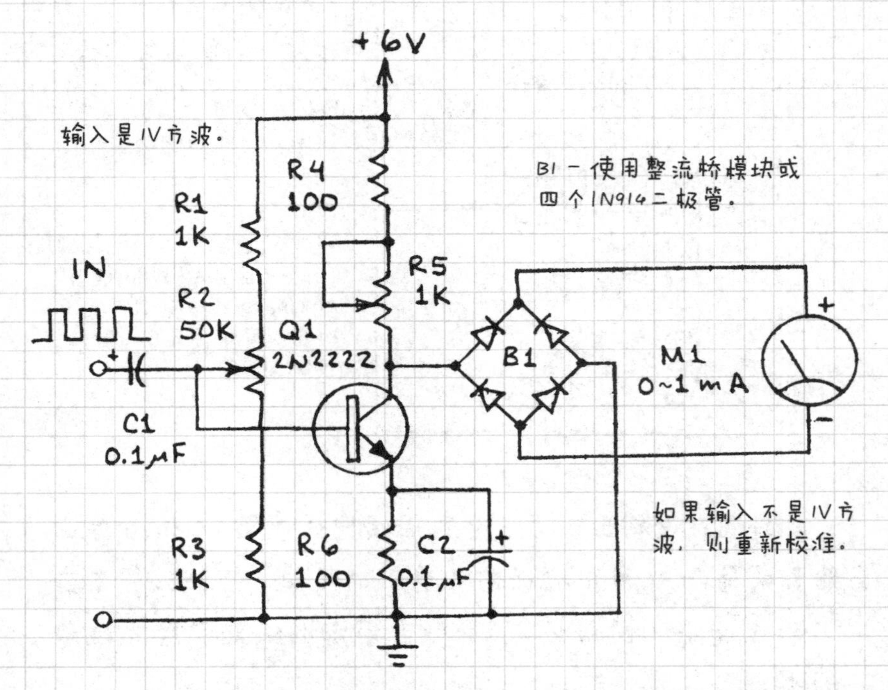

这个电路适用于特定的测量对象，并非通用电路。校准0～1kHz的范围：

1. 将R2和R5设置在中点位置。
2. 在输入端载入1kHz、1V的方波信号。
3. 调整R2直到M1＝1mA。
4. 移除1kHz的信号。
5. 调整R3直到M1＝0。
6. 重新载入1kHz信号。
7. 调整R2直到M1＝1mA。

典型结果：

信号/Hz	MI/mA
0	0.02
100	0.1
200	0.24
300	0.34
400	0.44
500	0.55
600	0.65
800	0.85
900	0.95
1000	1.00

3.7.14 脉冲发生器

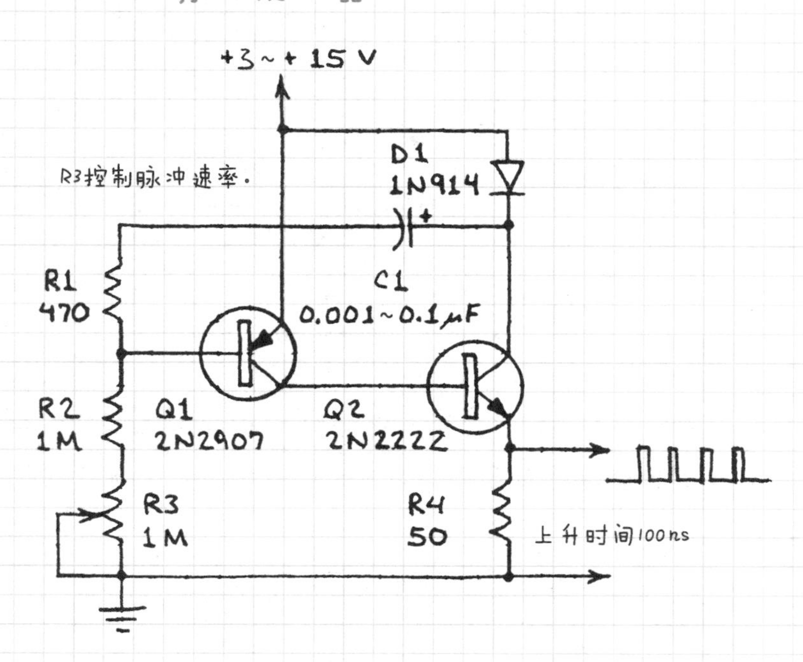

C_1 /μF	脉冲时间/μs
0.001	5
0.01	22
0.1	200

电源电压为12.5V时，幅度约为10V。

3.7.15 直流电表放大器

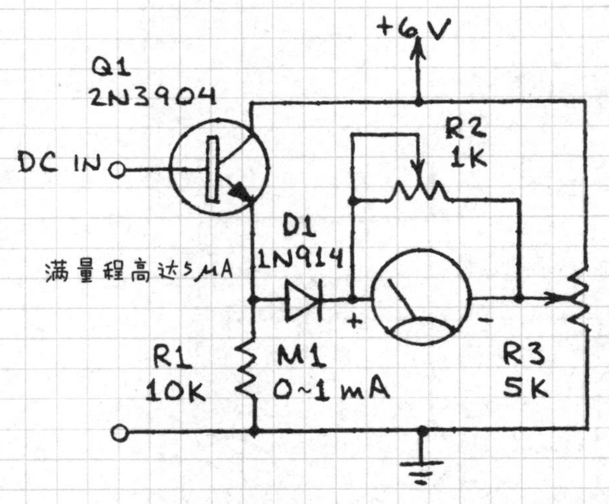

要进行校准，首先将输入连接到+6V的电极上，并将数字万用表量程改为毫安级。然后将R2调至中间部分。接下来：

1. 为所需电流设置1MΩ电位器。
2. 调整R3直到M1显示1mA。

3. 重复步骤1和2。

4. 调整R2直到M1显示1mA。

3.7.16 光/暗敏闪光器

3.7.16.1 光敏闪光器

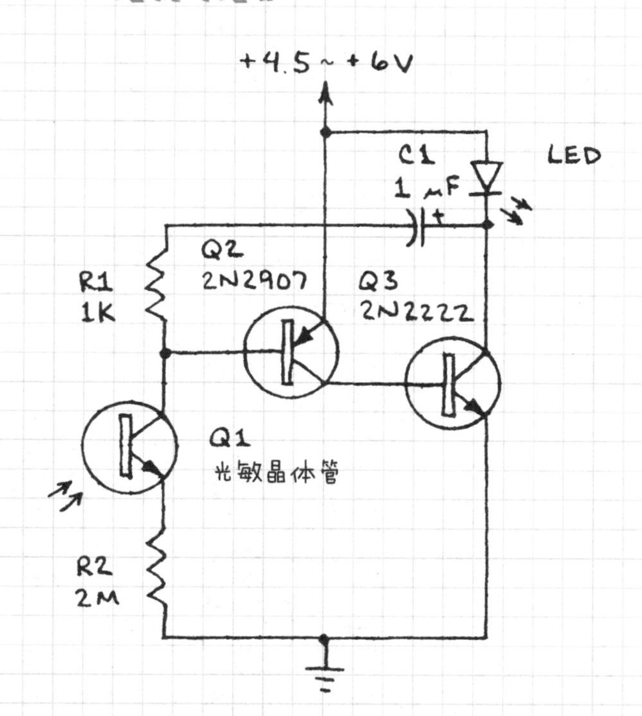

当Q1被阳光或人造光照亮时，LED闪烁。当Q1黑暗时，闪光器停止工作。C1控制闪光频率。

3.7.16.2 暗激活的闪光器

该电路可以作为一个在晚上打开的警告闪光灯。C1控制闪光率。

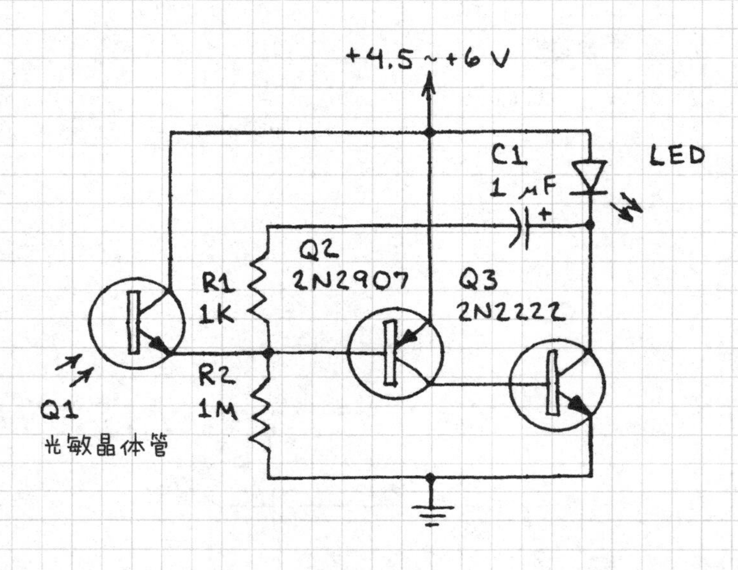
+4.5～+6V
C1
1μF
LED
Q2
2N2907
R1
1K
Q3
2N2222
R2
1M
Q1
光敏晶体管

3.7.17 高亮度闪光器

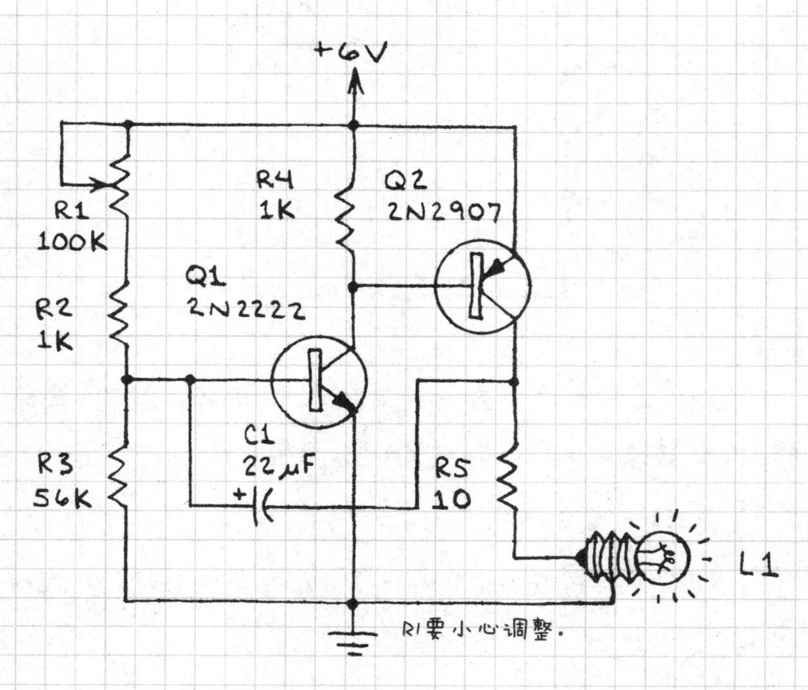
+6V
R4
1K
Q2
2N2907
R1
100K
Q1
2N2222
R2
1K
C1
22μF
R3
56K
R5
10
L1
R1要小心调整。

该电路大约每秒发送一次高电流脉冲给灯 L1。R1 控制闪光速率。L1 是 14 或 243 灯。不要一直保持 L1 的打开状态。

3.7.18 LED 发射器/接收器

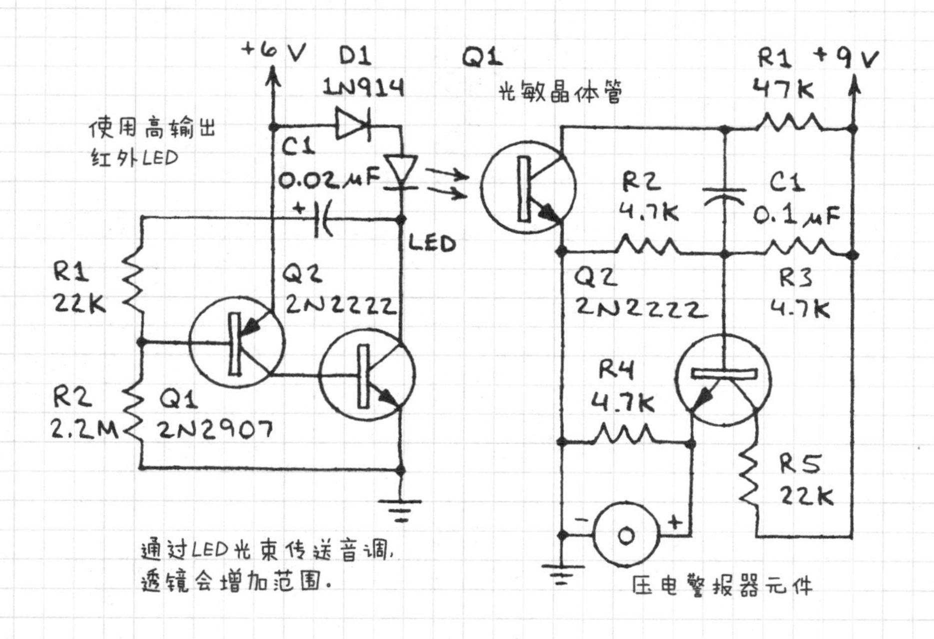

3.7.19 电阻-晶体管逻辑电路

这些逻辑电路可以用来教授数字逻辑的基础知识并在实际中应用。

3.7.19.1 或门

0 = 接地

1 = +6V

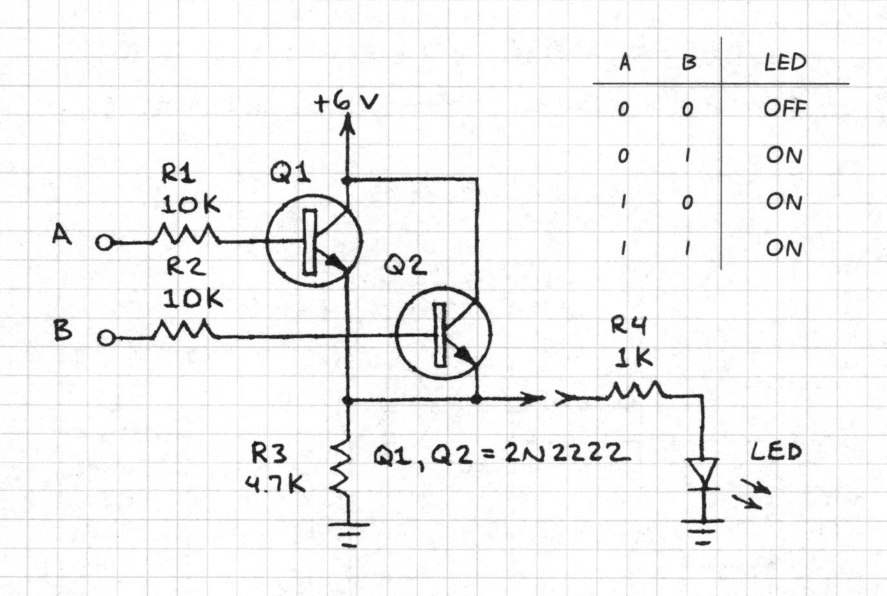
A
B
LED
0
0
OFF
0
1
ON
1
0
ON
1
1
ON
+6V
R1
10K
Q1
A
R2
10K
Q2
B
R4
1K
R3
4.7K
Q1, Q2 = 2N2222
LED

3.7.19.2 或非门

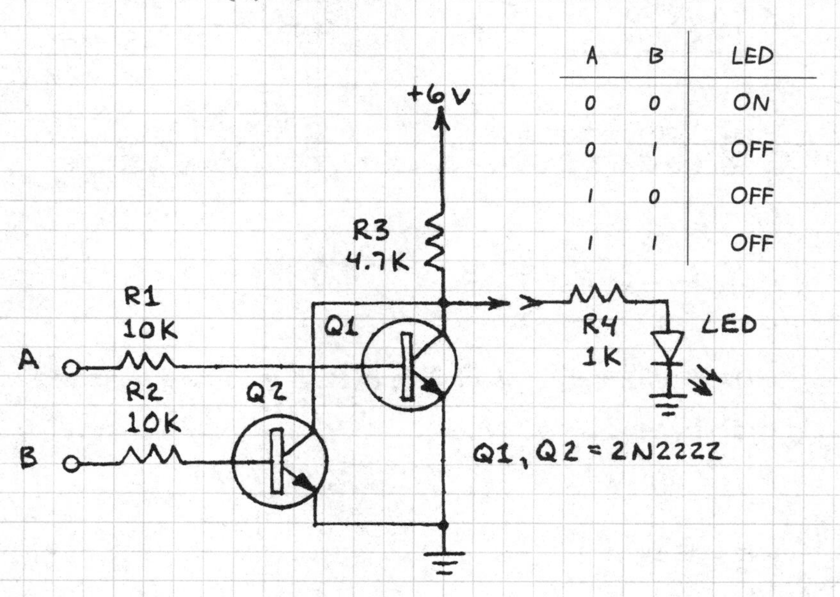
A
B
LED
0
0
ON
0
1
OFF
1
0
OFF
1
1
OFF
+6V
R3
4.7K
R1
10K
Q1
R4
1K
LED
A
R2
10K
Q2
B
Q1, Q2 = 2N2222

3.7.19.3 与门

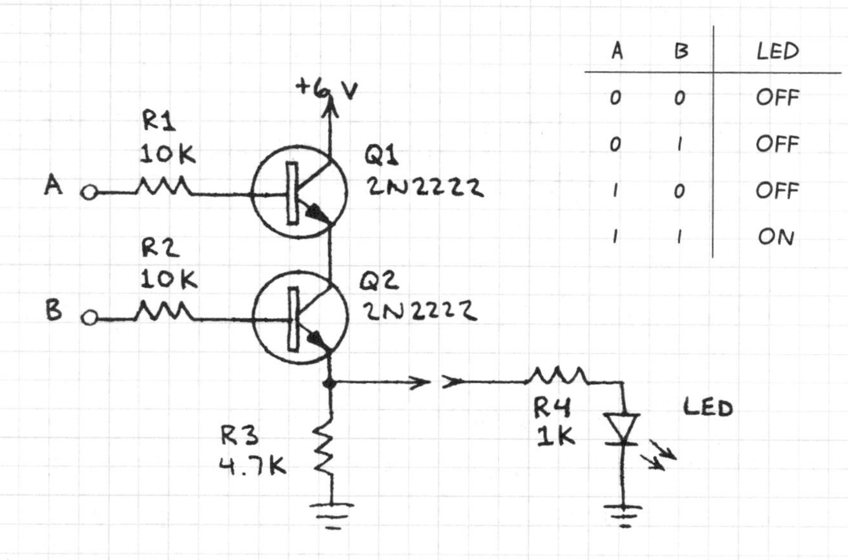

A	B	LED
0	0	OFF
0	1	OFF
1	0	OFF
1	1	ON

3.7.19.4 与非门

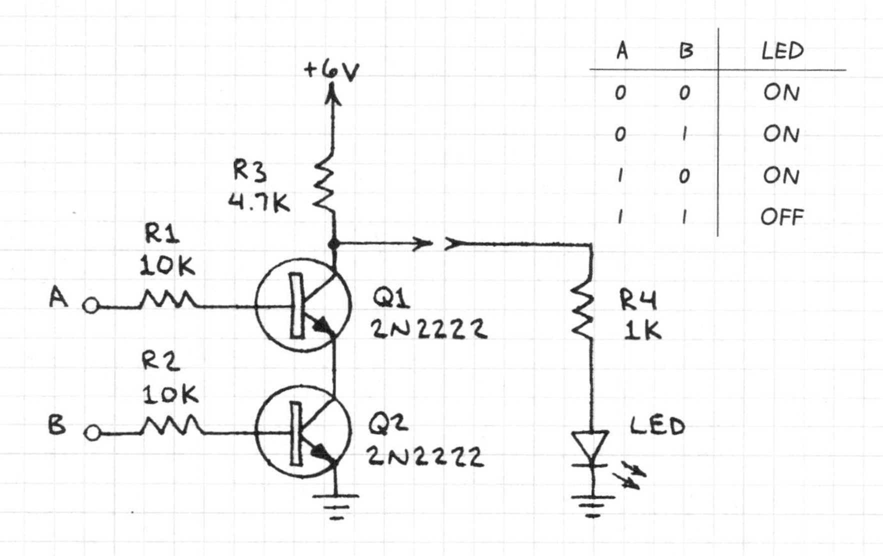

A	B	LED
0	0	ON
0	1	ON
1	0	ON
1	1	OFF

3.7.19.5 非门

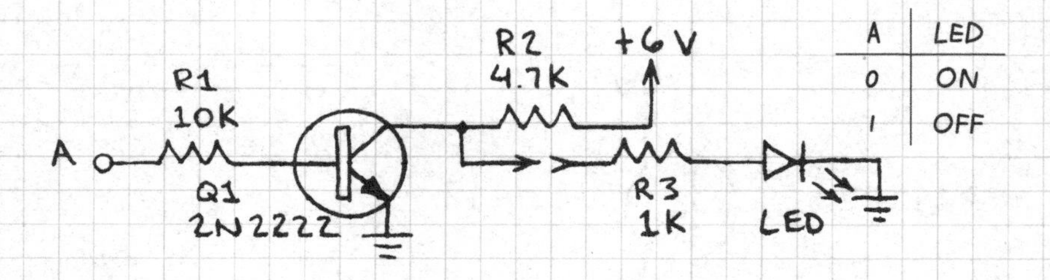

3.8 结型场效应晶体管

结型场效应晶体管（JFET）是一种可由一个端子处的小电压控制在另两个端子之间流动的电流的三端子半导体器件。FET可以用作放大器和开关。FET的主要优点是其输入阻抗非常高。根据载流子沟道区域的掺杂，FET被分类为N沟道或P沟道。

3.8.1 基本开关和放大器功能

3.8.1.1 基本开关功能

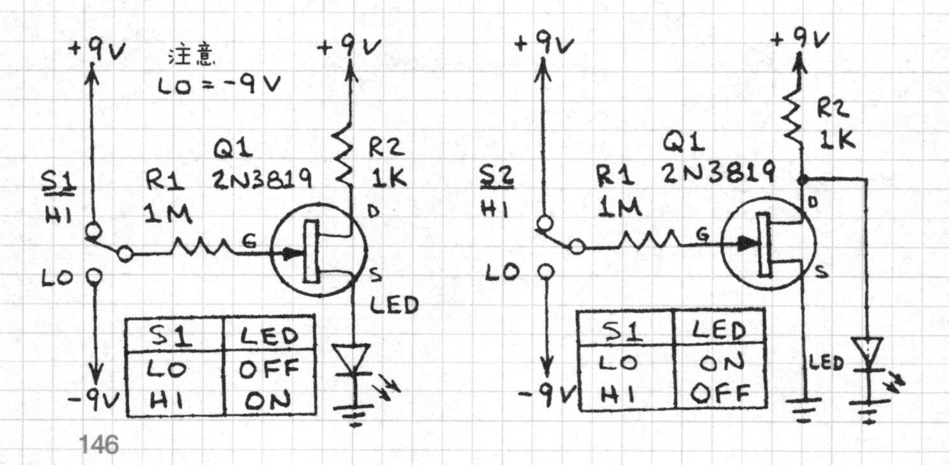

3.8.1.2 基本放大器功能

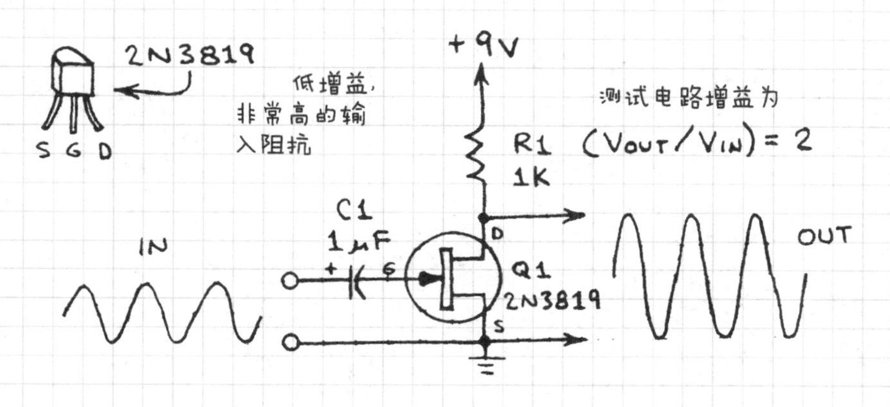

3.8.2 高阻抗传声器前置放大器

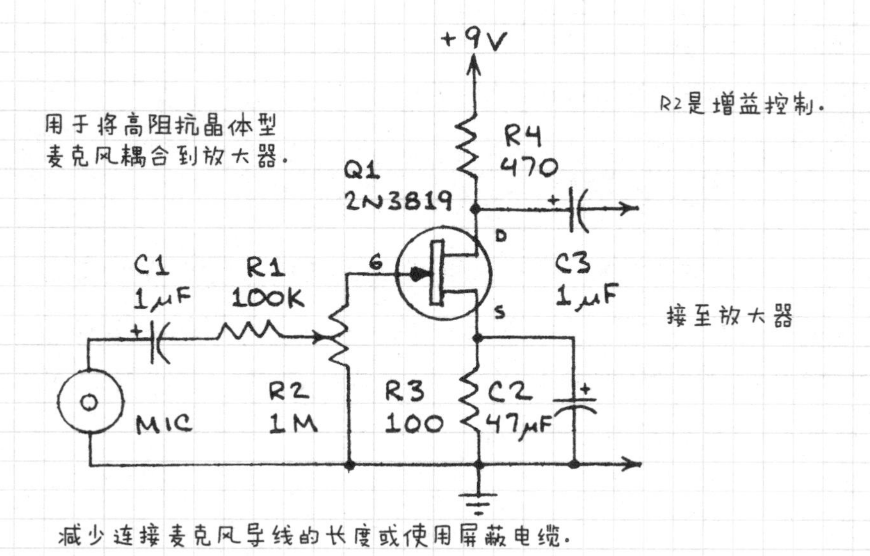

减少连接麦克风导线的长度或使用屏蔽电缆.

3.8.3 高阻抗音频混合器

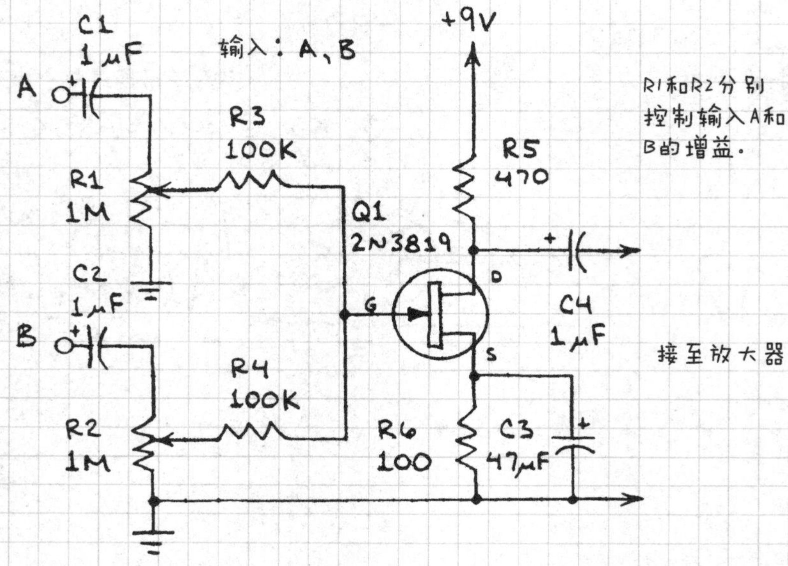

用来组合来自两个或多个麦克风、前置放大器的信号。

3.9 功率 MOSFET

MOSFET 的栅极被一个非常薄的玻璃态氧化物与沟道绝缘。因此 MOSFET 的输入阻抗比标准 FET 的输入阻抗高得多。功率 MOSFET 具有阻抗极低的通道。因此它们可以控制比普通 FET 更多的电流。

3.9.1 计时器

3.9.1.1 延时后定时器

通过控制 S1 控制 C1。C1 自放电后，压电蜂鸣器发出声音。C1 的较大值增加了延迟。在 C1 上放置大阻值电阻以减少延迟。

Q1-功率 MOSFET　　　　Q2-2N2222

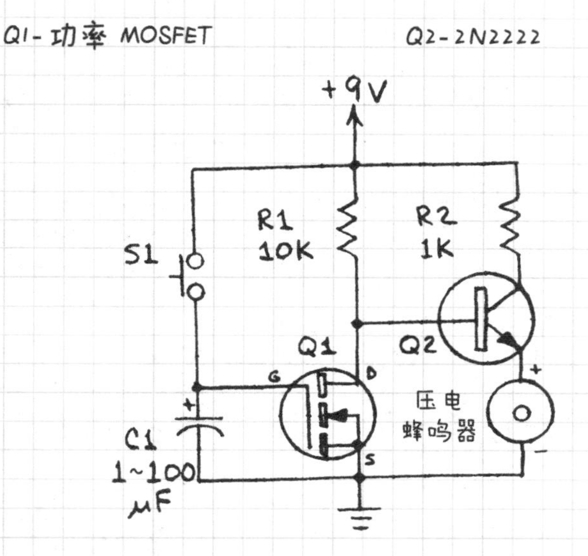

3.9.1.2 延时定时器

通过控制 S1 控制 C1。C1 自放电后，压电蜂鸣器发出声音。直到 C1 自放电，压电蜂鸣器才响。通过增大 C1 来增加延迟。C1 上连接的电阻将减少延迟。

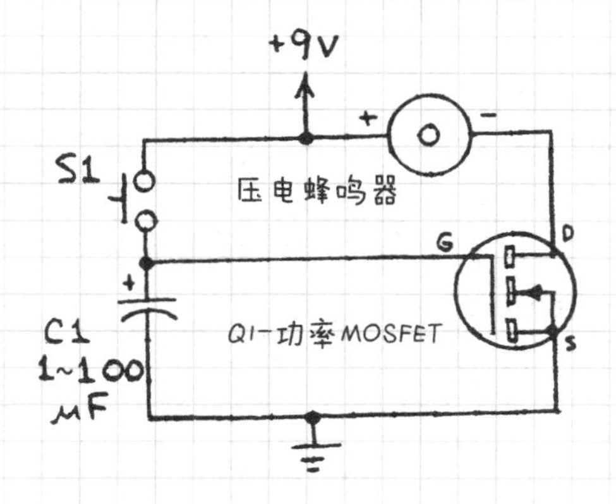

3.9.2 高阻抗扬声放大器

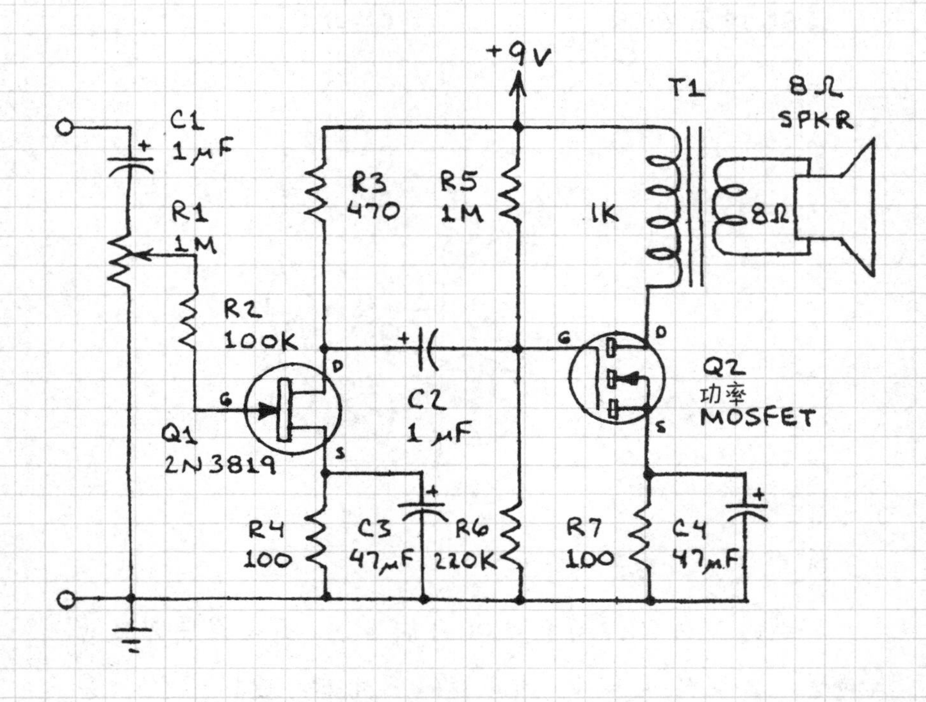

R1 控制增益。输入端可以连接高阻抗的麦克风和收音机。

3.9.3 双 LED 闪光器

LED 指示灯交替闪烁。R3 控制闪光频率。如果电路无法闪光，则快速短接 C1 或 C2。

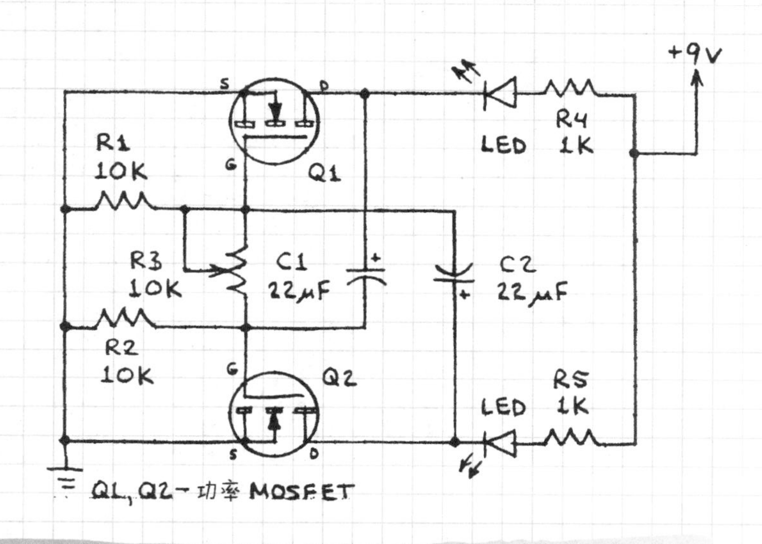

3.10 单结晶体管

单结晶体管（UJT）是一个电压控制开关，而不是一个真正的晶体管。UJT 非常适合许多振荡器应用。

3.10.1 基本的 UJT 振荡器

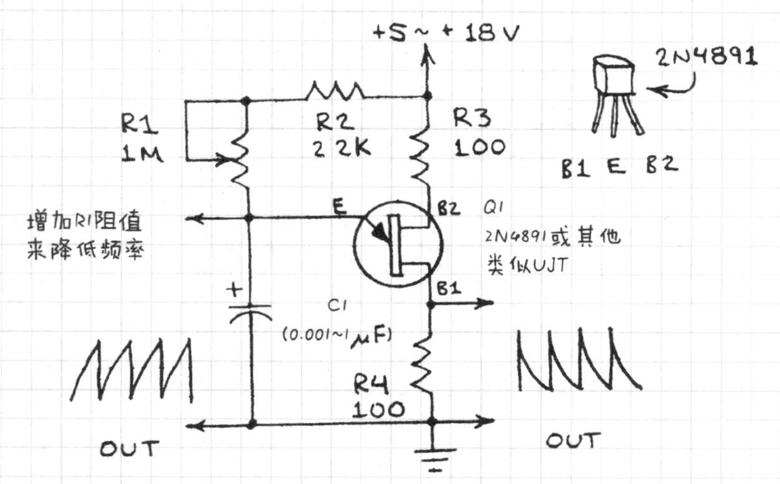

3.10.2 低电压指示器

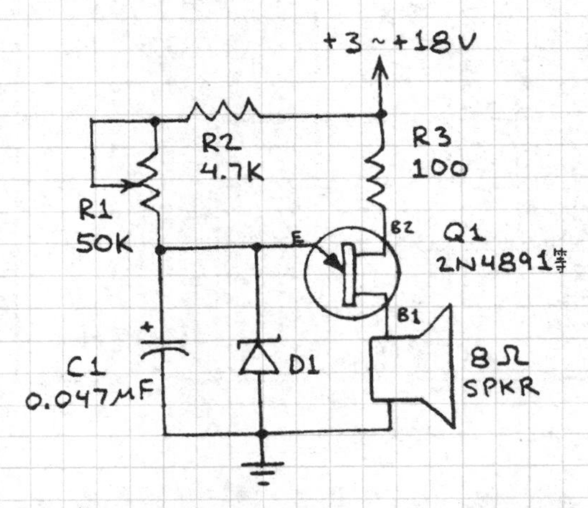

当电源电压低于D1的开启电压时，发出警告音。为所需电压选择D1。可以给R1和R2使用单个固定电容（4.7kΩ阻值就能产生2.8kHz的频率）。

3.10.3 音效发生器

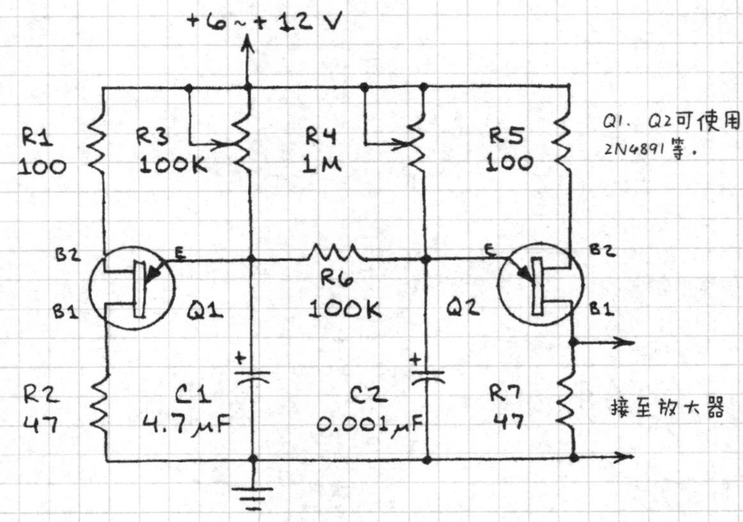

该电路产生的啁啾声由R4控制频率，R3控制速率。

3.10.4 分钟计时器

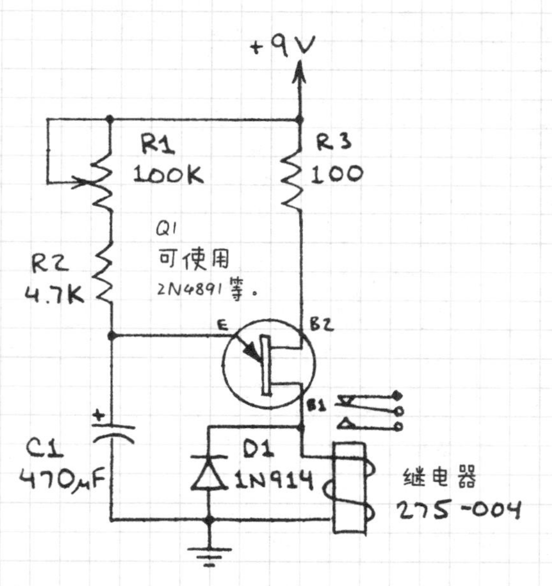

该电路在R1控制的重复循环中接入继电器。继电器必须是低压型的。

R1 + R2/Ω	延时/s
10k	7
15k	10
22k	12
47k	27
100k	68

3.11 压电蜂鸣器

压电蜂鸣器在低驱动电流和电压下提供刺耳的音调。

注意：当需要在具有开启的压电蜂鸣器的环境下工作一定时间时请使用护耳器。

3.11.1 电铃

3.11.2 音量调节器

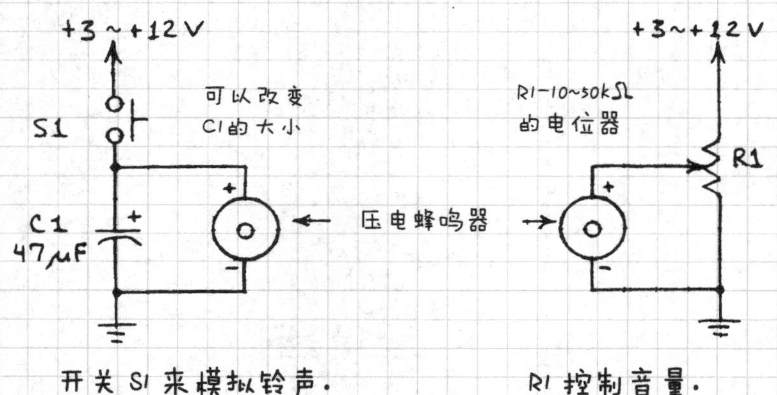

开关S1来模拟铃声。

R1控制音量。

3.11.3 逻辑接口

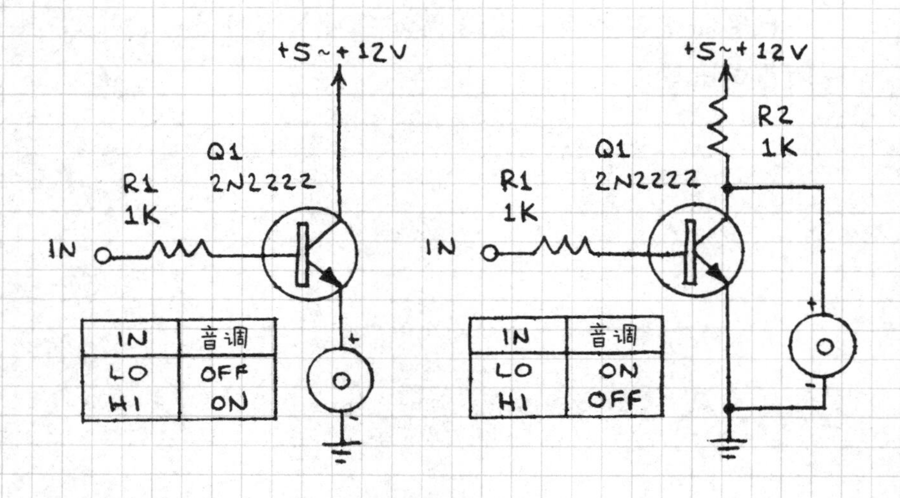

IN	音调
LO	OFF
HI	ON

IN	音调
LO	ON
HI	OFF

3.12 压电元件的驱动

3.12.1 固定音调型

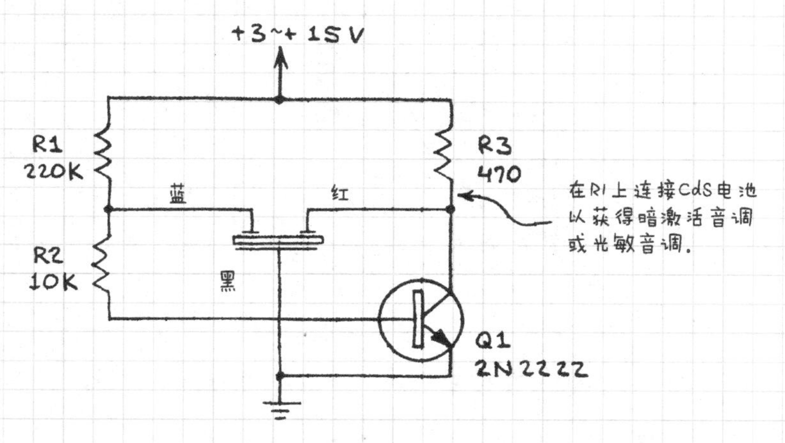

3.12.2 频率可调型

该电路易于微型化．通过R2控制频率．

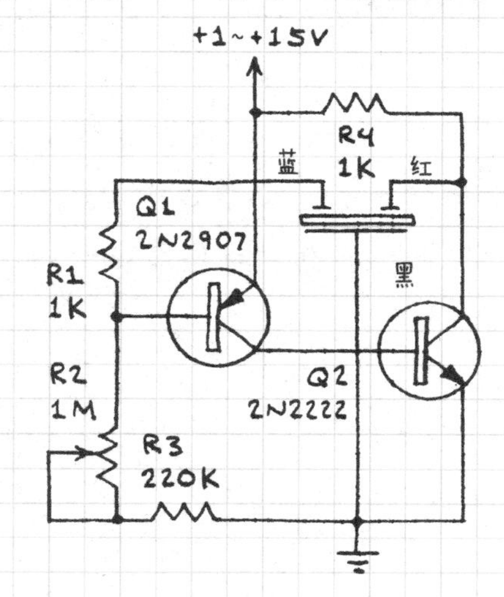

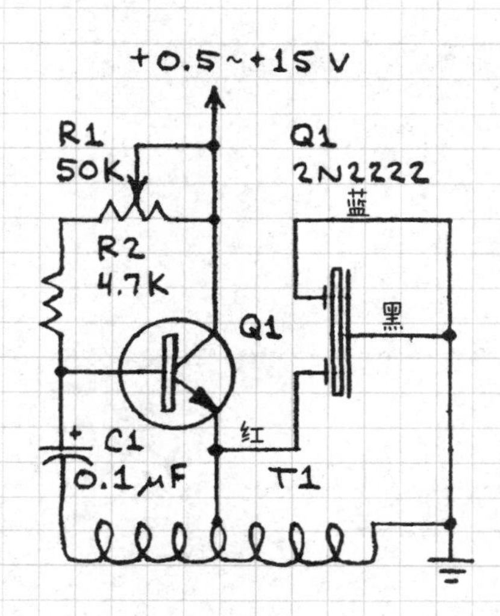

T1是中心抽头音频变压器（Radio Shack 273-1380）的一次侧。通过R1控制频率。

3.13 可控硅整流器

可控硅整流器（SCR），现称为晶闸管，是一种真正的固态开关。SCR由一个端口通过小电流开启。SCR将一直保持打开状态，直到小电流降到最低水平以下（I_H或保持电流）。

3.13.1 锁定按钮开关

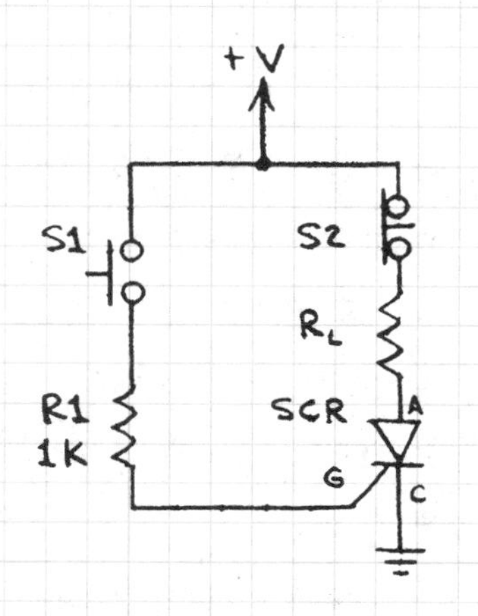

S1：按下打开（常开）

S2：按下复位（常闭）

RL：负载（灯泡等）

SCR：具有多种引脚类型，典型见下图：

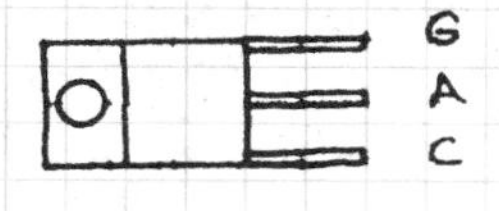

3.13.2 光控继电器

当Q1见光时，继电器被导通。S1被按下后，继电器由导通态变为关断态。常用于手电筒和照片频闪器。

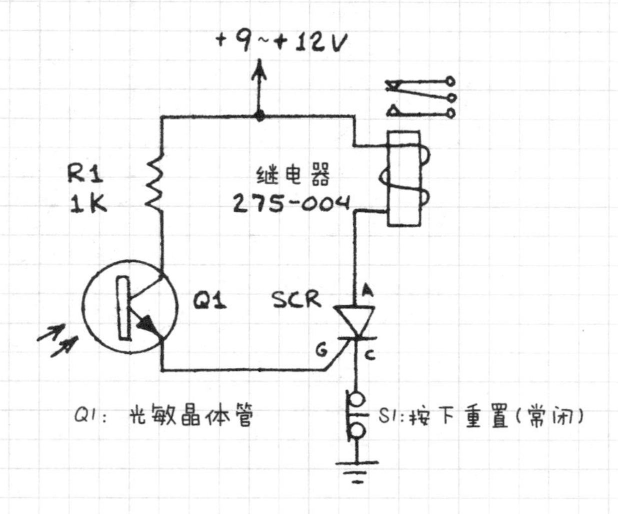

3.13.3 松弛振荡器

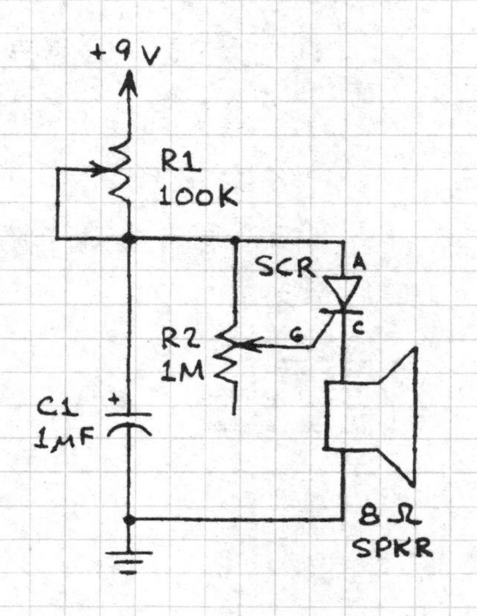

C1 通过 R1 充电。当电量足够高的时候，电流便流过 R2，接通 SCR。此时 C1 通过 SCR 和扬声器放电。R1 控制重复速率。

注意：有些 SCR 需要仔细调整 R2。

3.13.4 直流电动机调速控制器

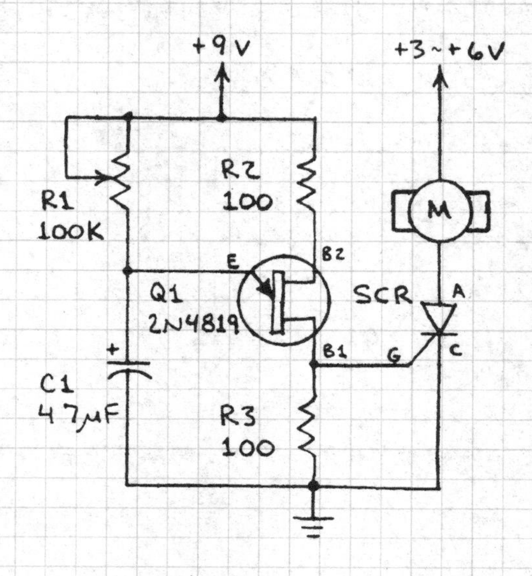

此电路将改变选定*的直流电动机的转速。R1控制着电动机的转速。当以UJT振荡器的低脉冲速率输入时，电动机将以中断的脉冲的形式旋转。为获得最佳效果，请为电动机使用单独的电源。

* 用这个电路检查电动机。如果电动机轴转动时LED指示灯闪烁，则该电动机有可能可以正常工作。

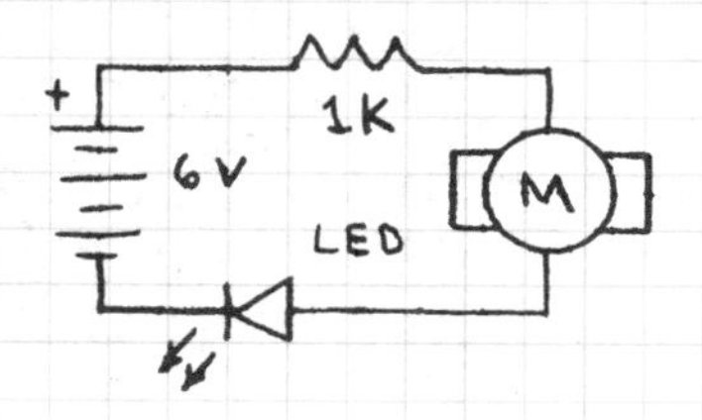

3.14 三端双向可控硅开关元件（TRIAC）

三端双向可控硅开关元件是一个可以控制交流电的固态通断开关。它在电气特性上等于两个反向并联的SCR。

警告：TRIAC是专为交流电路而设计的。在常识性安全防范措施的指导下使用由家用电源供电的电路。所有连接必须与不相关部分形成良好绝缘。当电源线插头插入墙上插座时，切勿在交流电源供电电路上进行操作。

3.14.1 TRIAC开关缓冲器

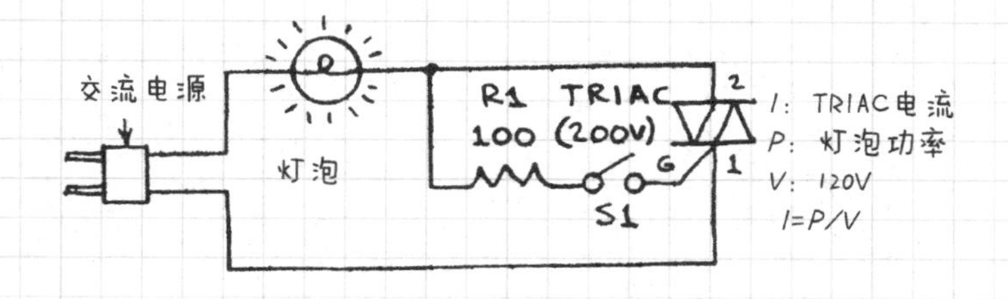

3.14.2 灯泡调光器

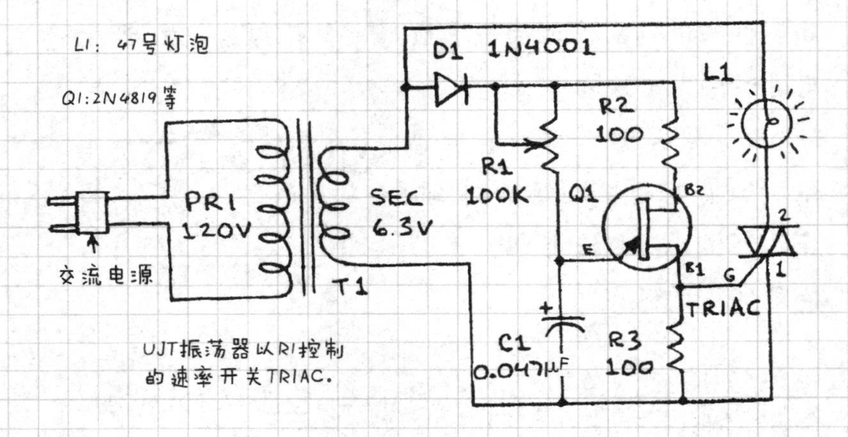
L1：47号灯泡
Q1:2N4819等
D1 1N4001
L1
R2
100
R1
100K
Q1
B2
PR1
120V
SEC
6.3V
E
B1
G
2
1
交流电源
T1
TRIAC
C1
0.047μF
R3
100
UJT振荡器以R1控制
的速率开关TRIAC.

4

数字逻辑电路

数字电子技术的出现使电子手表、计时器、计算机和许多其他设备成为可能。本章中的电路提供了数字逻辑电路的基本介绍。许多电路是自主运行的，不需要额外的组件或电路。一些电路被设计成与其他逻辑电路一起工作。为了能够最精简地介绍这部分内容，希望大家能够动手，完成实验和DIY电路设计。这部分内容包括相互连接的电路和外部元件。在电路方面，TTL和CMOS逻辑电路所占比例相当。电路可以适用于其他逻辑系列。所以后面我们将在仅提供必要信息的情况下介绍最多的电路。

4.1 开关逻辑

最简单的逻辑电路是这些：

与门

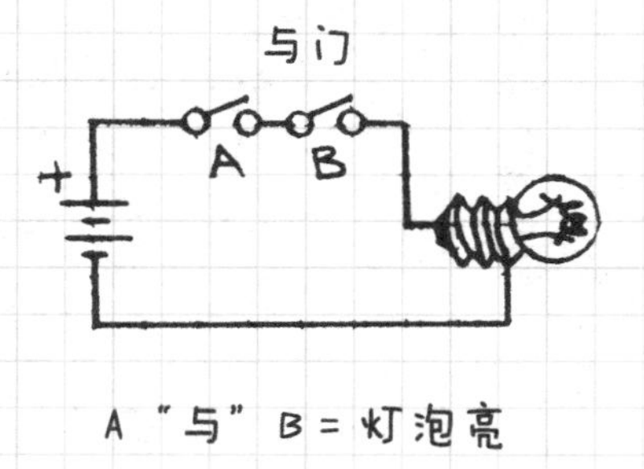

A“与”B＝灯泡亮

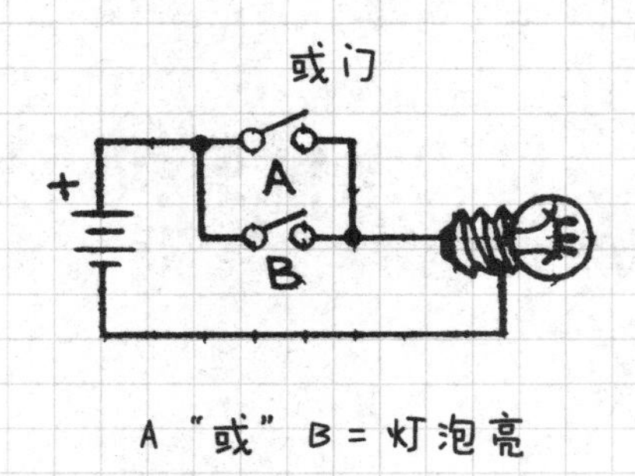

4.2 晶体管逻辑电路

下面这些电路显示了如何使用晶体管开关来形成四个最简单的逻辑判定电路或门电路。每个电路都包含一个真值表，给出所有输入组合得到的输出。

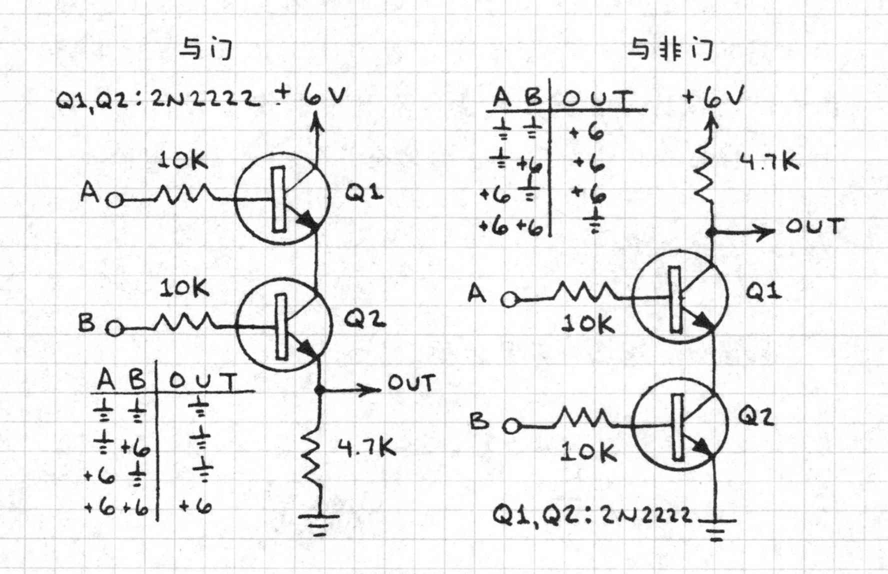

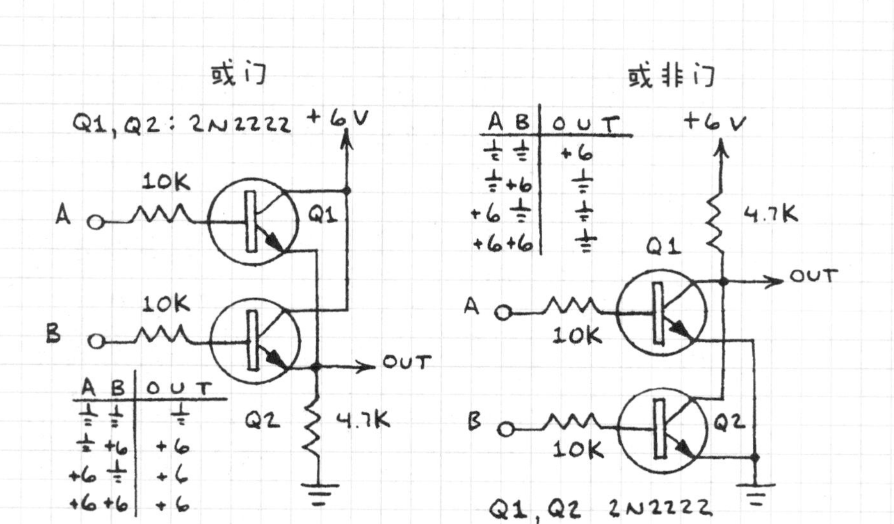

4.3 二进制数码（双状态）

前面给出的真值表中有 +6V 和 0V（接地）这两种状态，而这两种状态可以被数字 1 和 0 代替。

A	B	与	与非	或	或非
0	0	0	1	0	1
0	1	0	1	1	0
1	0	0	1	1	0
1	1	1	0	1	0

输入序列构成二进制系统中的前四个数字。

其他双输入逻辑门包括：

A	B	异或	异或非
0	0	0	1
0	1	1	0
1	0	1	0
1	1	0	1

一个二进制数字（0或1）被称为一个位（bit）. 位排列可以表示十进制数字、字母、电压等各种信息. 比如:

十进制	二进制				BCD							
0	0	0	0	0	0	0	0	0	0	0	0	0
1	0	0	0	1	0	0	0	0	0	0	0	1
2	0	0	1	0	0	0	0	0	0	0	1	0
3	0	0	1	1	0	0	0	0	0	0	1	1
4	0	1	0	0	0	0	0	0	0	1	0	0
5	0	1	0	1	0	0	0	0	0	1	0	1
6	0	1	1	0	0	0	0	0	0	1	1	0
7	0	1	1	1	0	0	0	0	0	1	1	1
8	1	0	0	0	0	0	0	0	1	0	0	0
9	1	0	0	1	0	0	0	0	1	0	0	1
10	1	0	1	0	0	0	0	1	0	0	0	0
11	1	0	1	1	0	0	0	1	0	0	0	1
12	1	1	0	0	0	0	0	1	0	0	1	0
13	1	1	0	1	0	0	0	1	0	0	1	1
14	1	1	1	0	0	0	0	1	0	1	0	0
15	1	1	1	1	0	0	0	1	0	1	0	1

BCD是二进制编码的十进制. BCD提供了在计算器上显示十进制数字和观察读数的快捷方式. 每一个十进制数由四位表示.

4.4 逻辑门

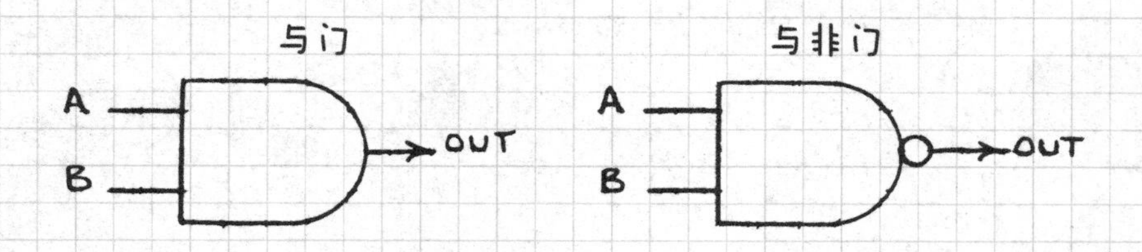

A	B	OUT
L	L	L
L	H	L
H	L	L
H	H	H

注意：0 = L（低电平）

1 = H（高电平）

L = 接地（⏚）

H = 正电压

A	B	OUT
L	L	H
L	H	H
H	L	H
H	H	L

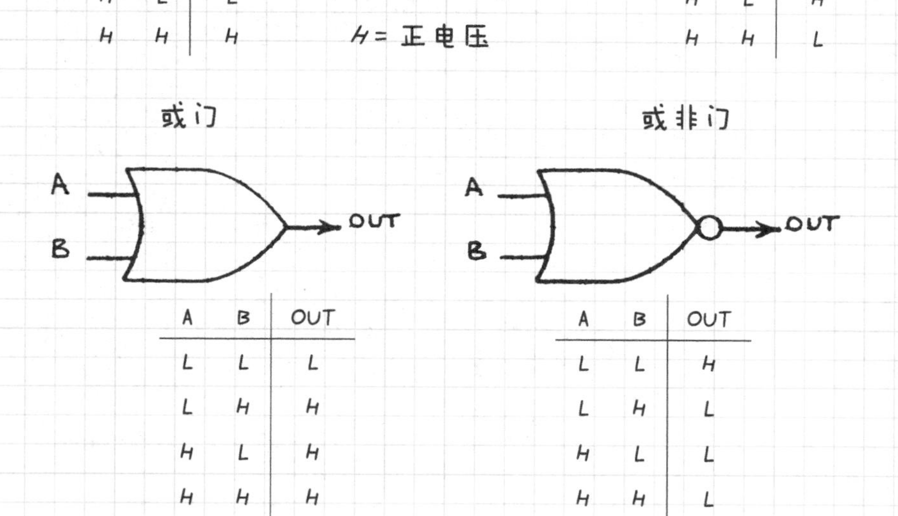

A	B	OUT
L	L	L
L	H	H
H	L	H
H	H	H

A	B	OUT
L	L	H
L	H	L
H	L	L
H	H	L

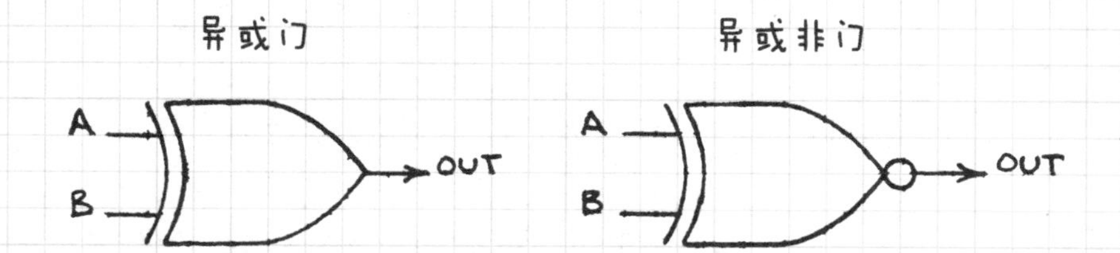

A	B	OUT
L	L	L
L	H	H
H	L	H
H	H	L

异或用于二进制数学。两者用于比较 2 个输入。如果相等，则输出是 L（异或）或 H（异或非）。

A	B	OUT
L	L	H
L	H	L
H	L	L
H	H	H

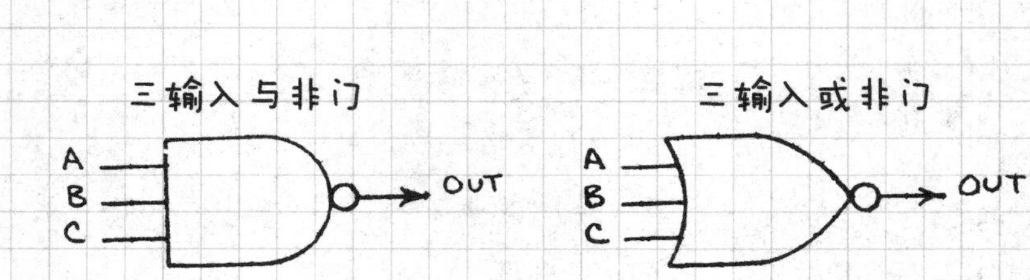

A	B	C	OUT
L	L	L	H
L	L	H	H
L	H	L	H
L	H	H	H
H	L	L	H
H	L	H	H
H	H	L	H
H	H	H	L

注意：增加输入数量来创造新的门。

A	B	C	OUT
L	L	L	H
L	L	H	L
L	H	L	L
L	H	H	L
H	L	L	L
H	L	H	L
H	H	L	L
H	H	H	L

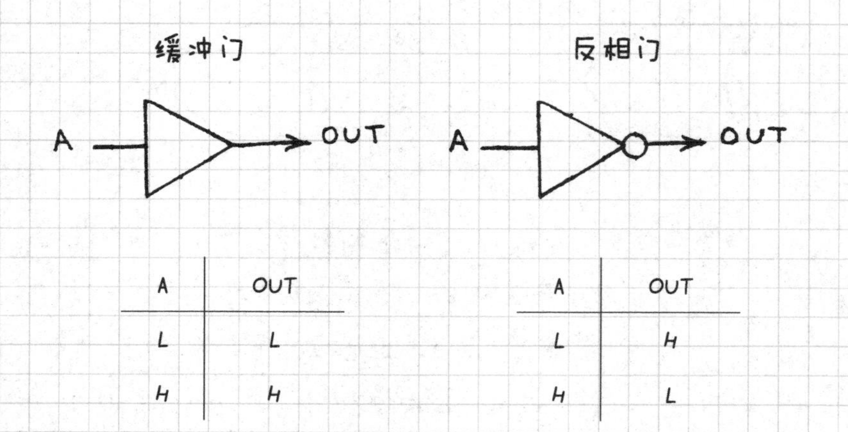

A	OUT
L	L
H	H

A	OUT
L	H
H	L

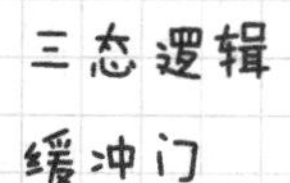

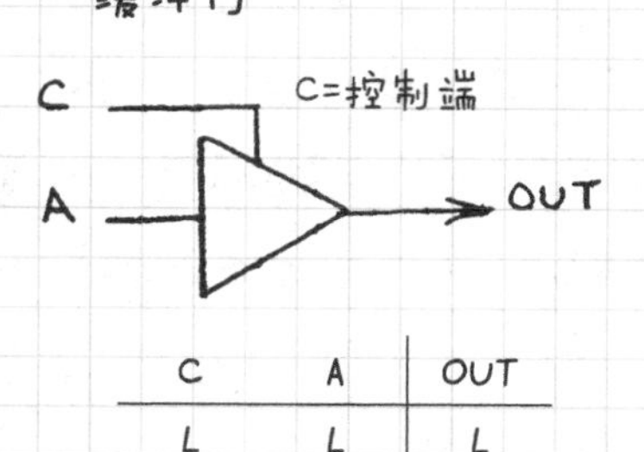

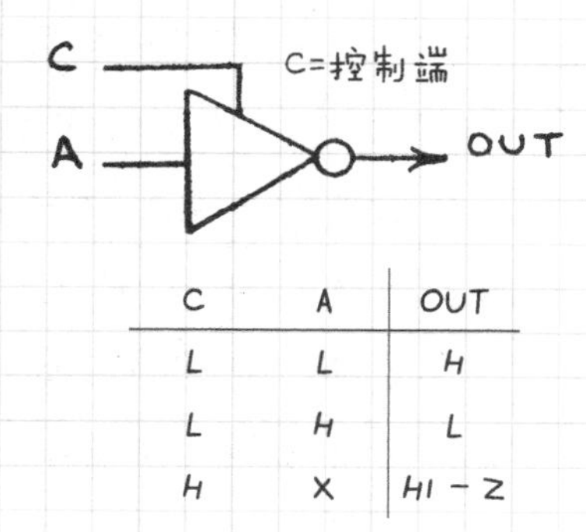

C	A	OUT
L	L	L
L	H	H
H	X	HI - Z

C	A	OUT
L	L	H
L	H	L
H	X	HI - Z

4.5 TTL和TTL/LS逻辑系列

TTL（晶体管-晶体管逻辑）和TTL/LS（低功耗肖特基）芯片易于使用，不需要特殊的处理措施。TTL可以每秒改变20000000次状态。TTL消耗大量的电能，而单个门电路消耗超过3mA。TTL/LS稍快，功耗降低80%。

4.5.1 使用建议

1，V_{CC}（正电压输入）绝对不能超过5.25V。

2，输入信号电压值绝对不能高于V_{CC}或低于地电位。

3，未被使用的输入端通常被认为是高电位，但有时可能会带有杂散信号。将这些端口连接至V_{CC}。

4，强制使未使用的门的输出为高电平以降低能耗。

5，当TTL门改变状态时，它们的电源引线上会产生噪声尖峰。通过在TTL和TTL/LS芯片的电源引脚之间连接一个0.01～0.1μF的去耦电容，可以消除这些尖峰信号。每5～10门封装或2～5个计数器和寄存器芯片使用至少一个电容。去耦电容的引线必须要短，并从 V_{CC} 连接到地面尽可能接近去耦芯片。

6，在这两类电路中避免使用长导线。

7，如果电源不在电路板上，在电源线上连接一个1～10μF的电容。

4.5.2 供电

TTL电路要求4.75～5.24V之间的电压供电。电池只能用来供应一部分芯片的使用。另一方面，线路供电更经济可靠。

4.5.2.1 电池供电

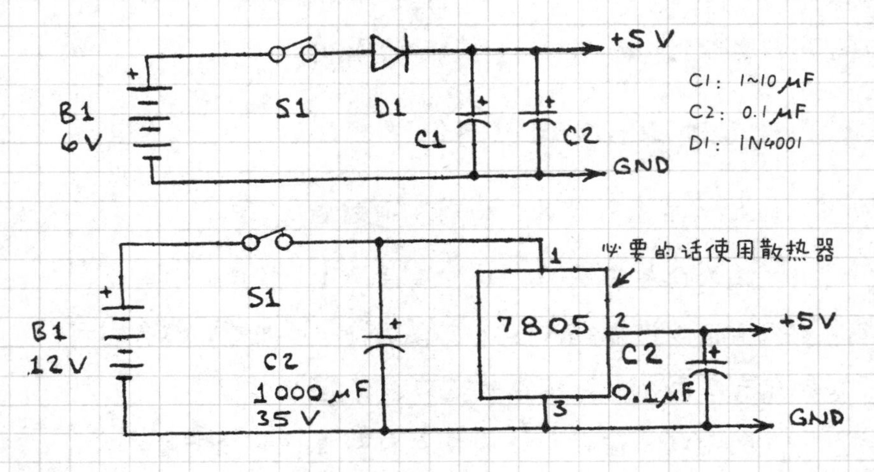

4.5.2.2 线供电

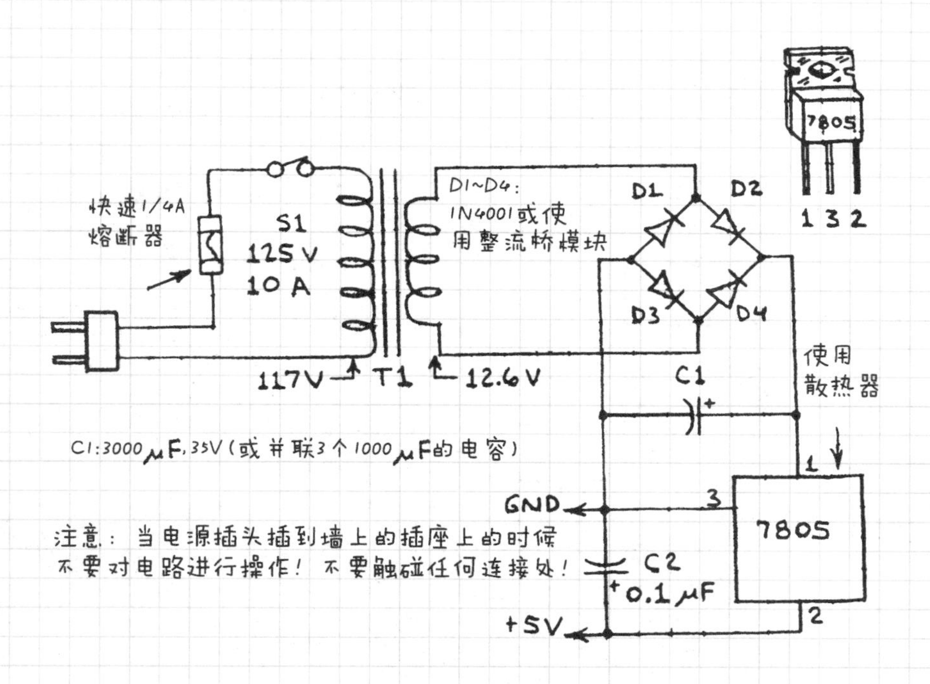

4.6 TTL输入接口

如果遵守4.5.1节的使用建议，非TTL或非TTL/LS器件也可以为TTL或TTL/LS器件提供输入信号。下面的电路都能向TTL或TTL/LS电路输出干净、无噪声的脉冲。其中TTL或TTL/LS电路由反相器表示。

4.6.1 时钟脉冲发生器

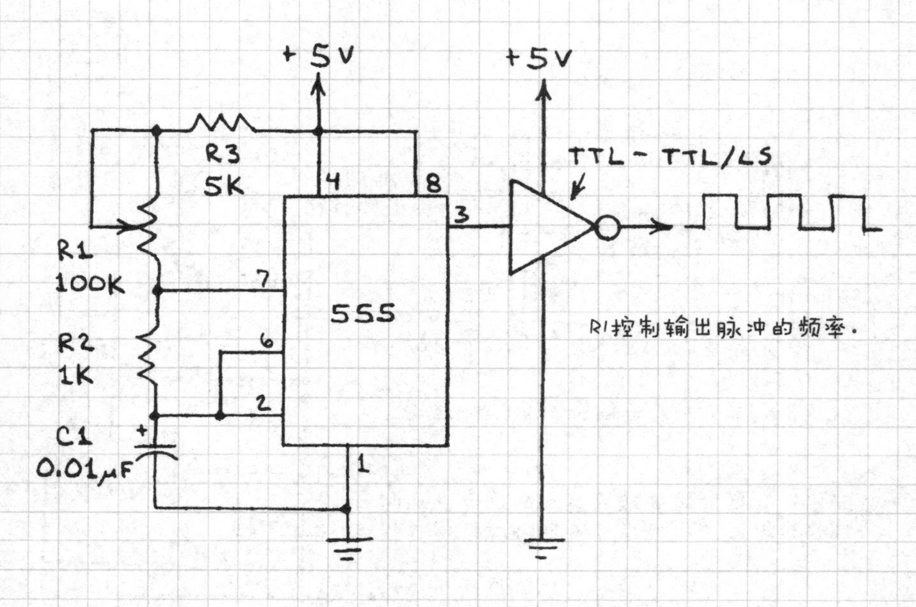

4.6.2 无跳动开关

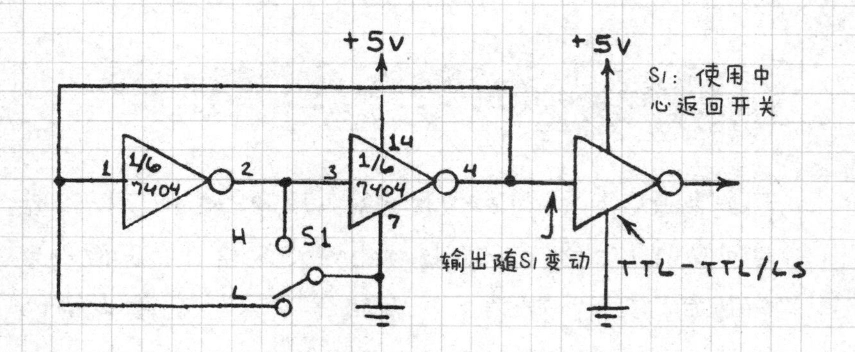

4.6.3 光敏晶体管转 TTL

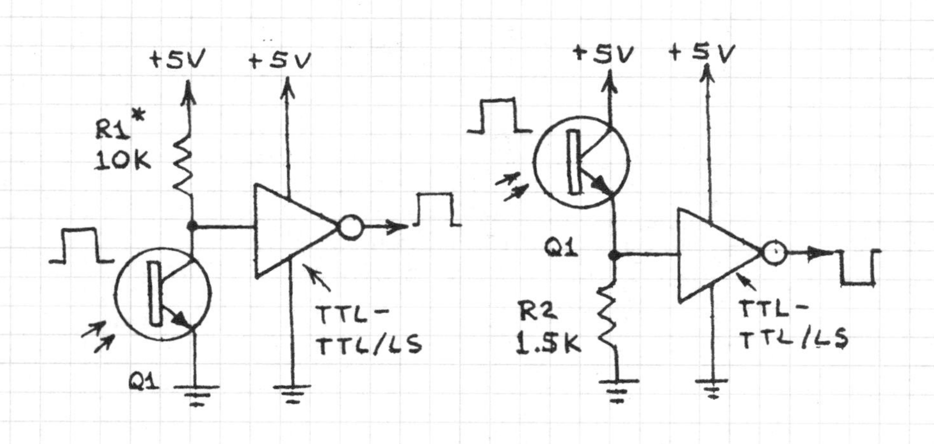

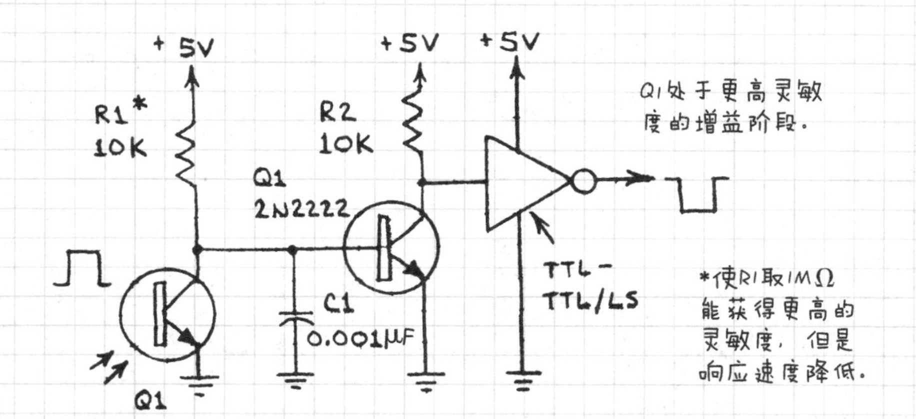

4.6.4 比较器/运算放大器转TTL

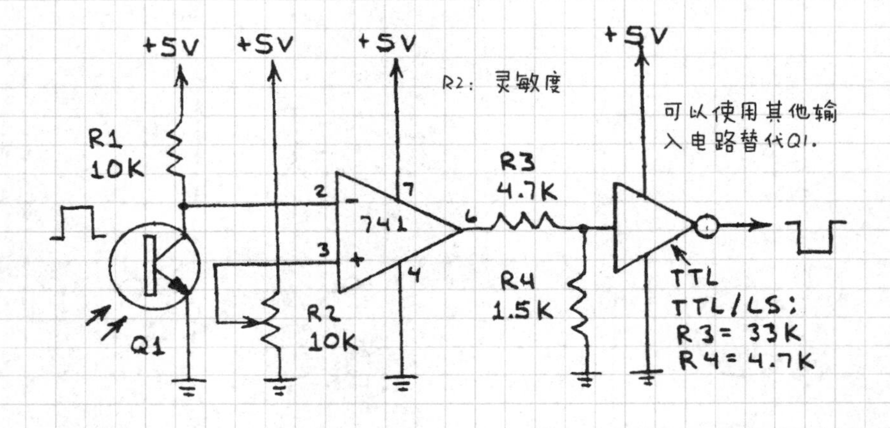

4.7 TTL输出接口

TTL芯片用于接收器（输出较低）时具有高达30mA的输出驱动电流。可以查看特定芯片的数据进行更多了解。

4.7.1 驱动LED

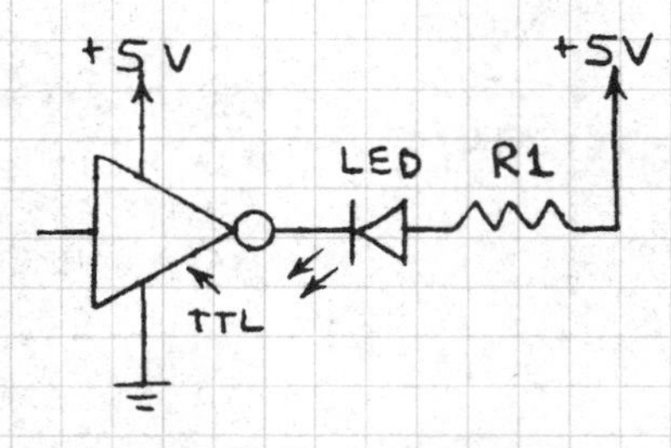

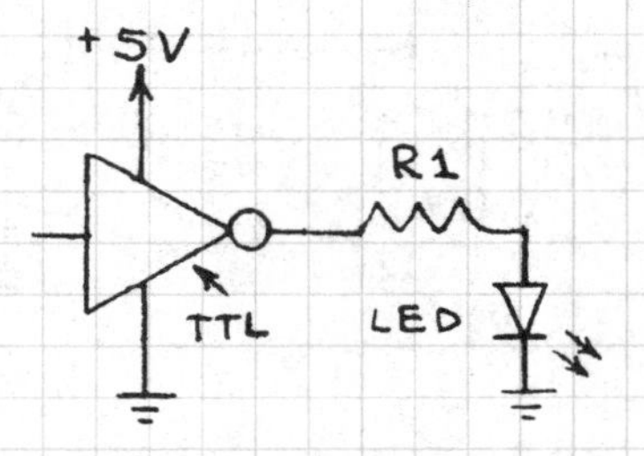

输出低电平时LED点亮。这种接法提供更高的驱动电流。

输出高电平时LED点亮。驱动电流较小，但可用于高亮度LED。

这两个驱动器都是由 R1 控制电流。当 $V_{CC}=5V$ 并且红色 LED 发光时，R1 = 3.3/（所需的 LED 电流）。比如，如果 LED 电流为 10mA，R1 = 3.3/0.01 = 330Ω。

4.7.2 驱动压电蜂鸣器

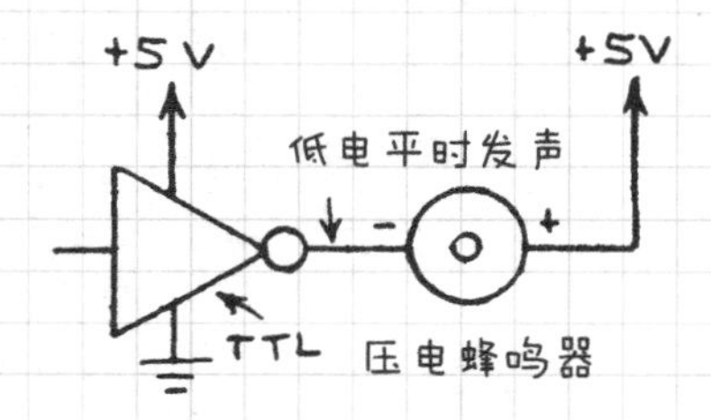

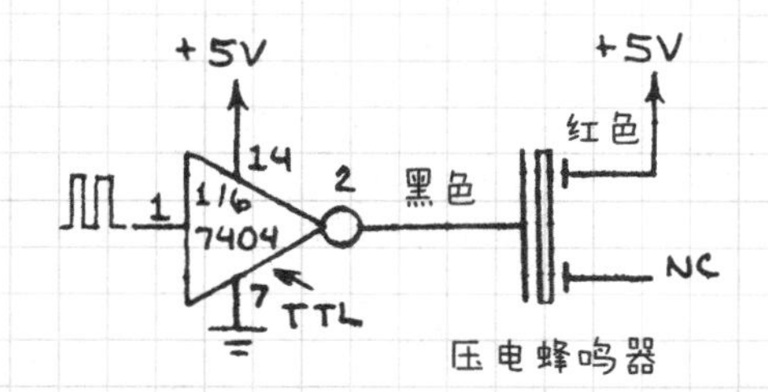

蜂鸣器所需的驱动电流不得大于 TTL 芯片输出的电流。

用于将重复的输入脉冲转换为声音。可输入任何 TTL 的输出信号。

4.7.3 驱动晶体管

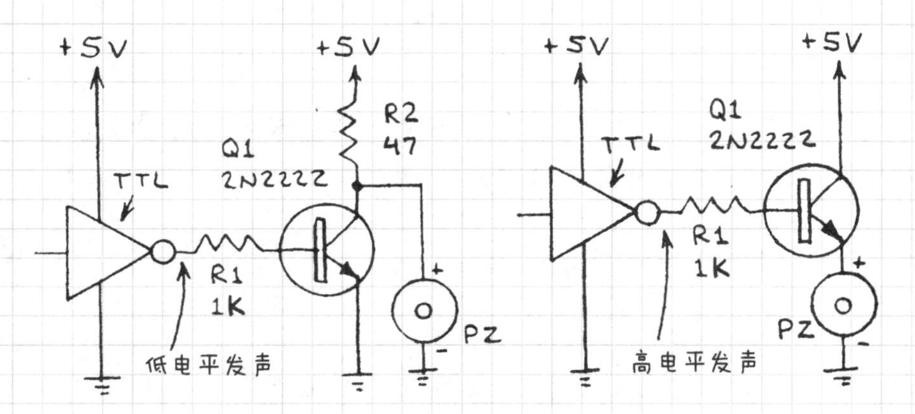

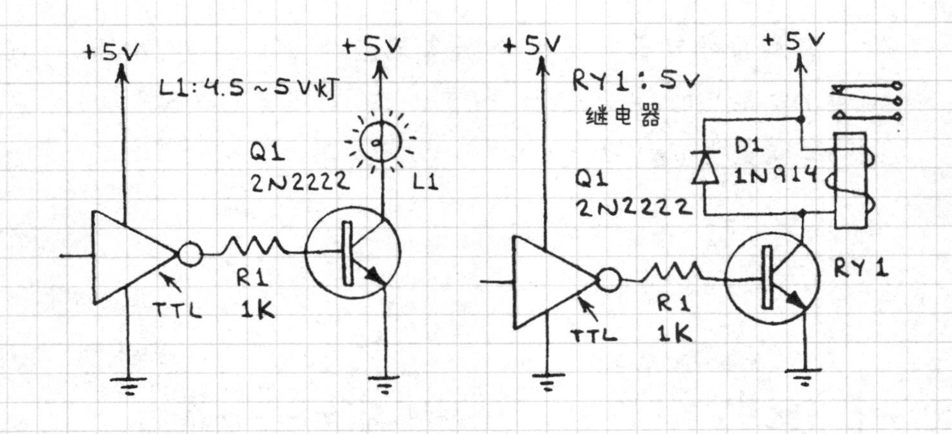

4.7.4 驱动 SCR

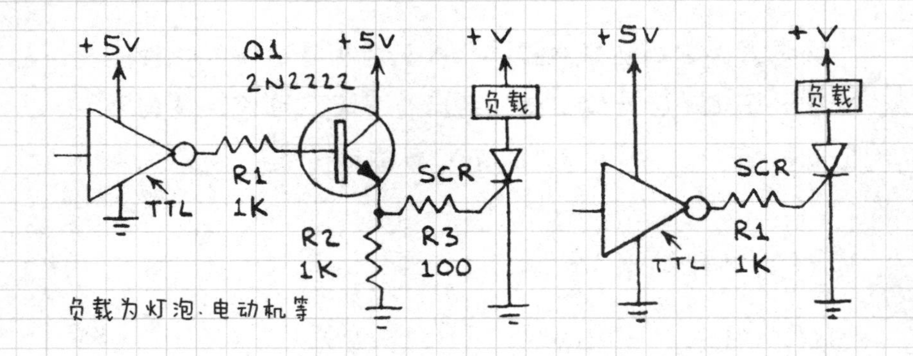

SCR 的电源（+V）可以超过 +5V。SCR 触发时保持导通，除非正向电流低于 SCR 的保持电流（I_H）。

4.8 TTL 与非门电路

使用 7400 或 7400LS 1/4 与非门。引脚号是为了方便而给出的。如果需要的话，可以重新排列每个门的顺序。

控制门

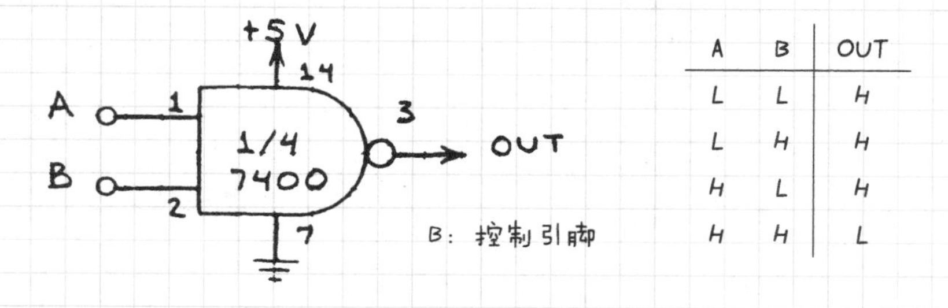

A	B	OUT
L	L	H
L	H	H
H	L	H
H	H	L

与门

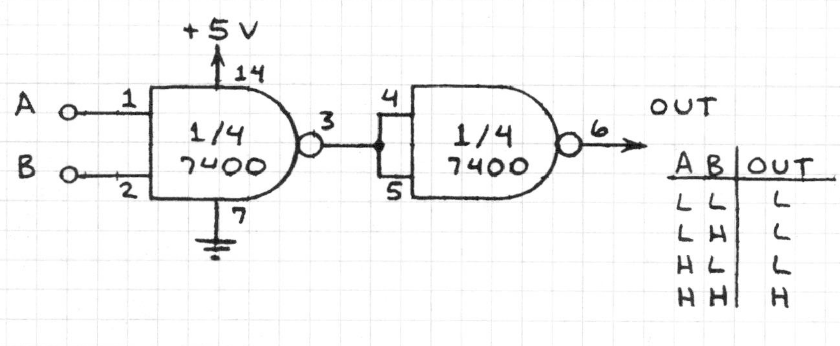

A	B	OUT
L	L	L
L	H	L
H	L	L
H	H	H

或门

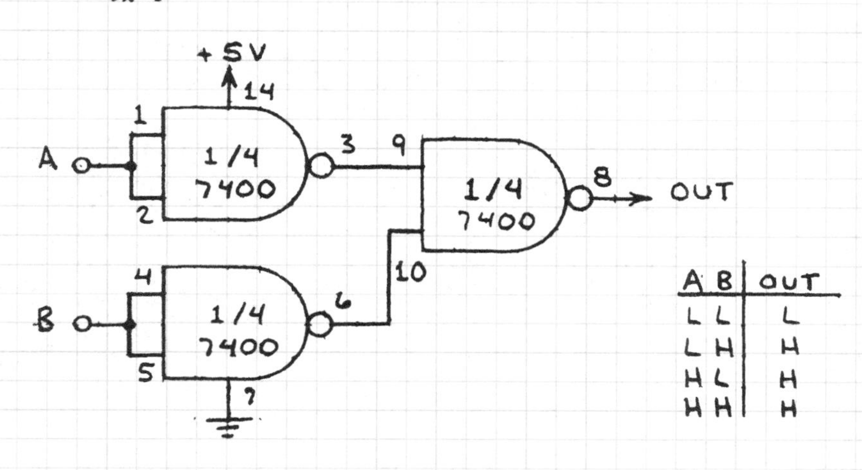

A	B	OUT
L	L	L
L	H	H
H	L	H
H	H	H

反相器/非门

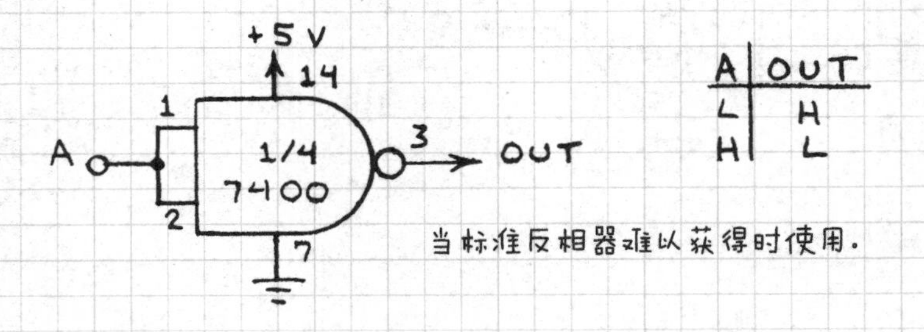

A	OUT
L	H
H	L

当标准反相器难以获得时使用.

与或门

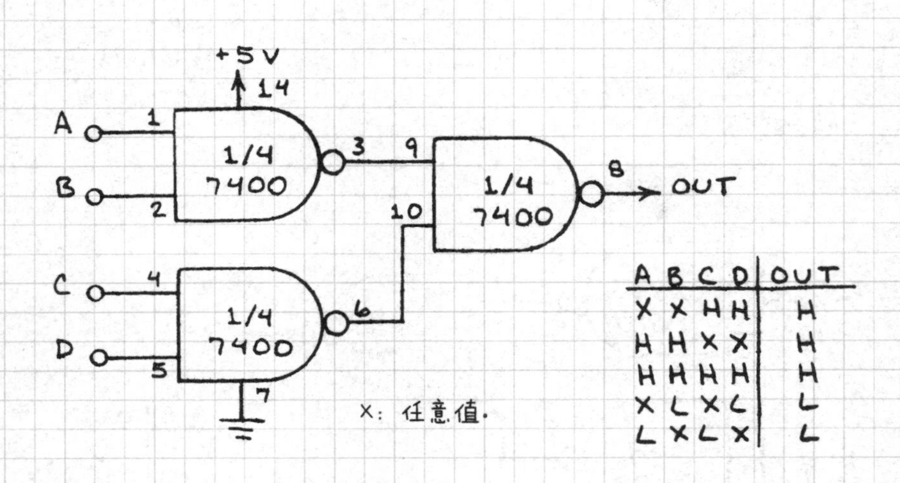

A	B	C	D	OUT
X	X	H	H	H
H	H	X	X	H
H	H	H	H	H
X	L	X	L	L
L	X	L	X	L

X：任意值.

或非门

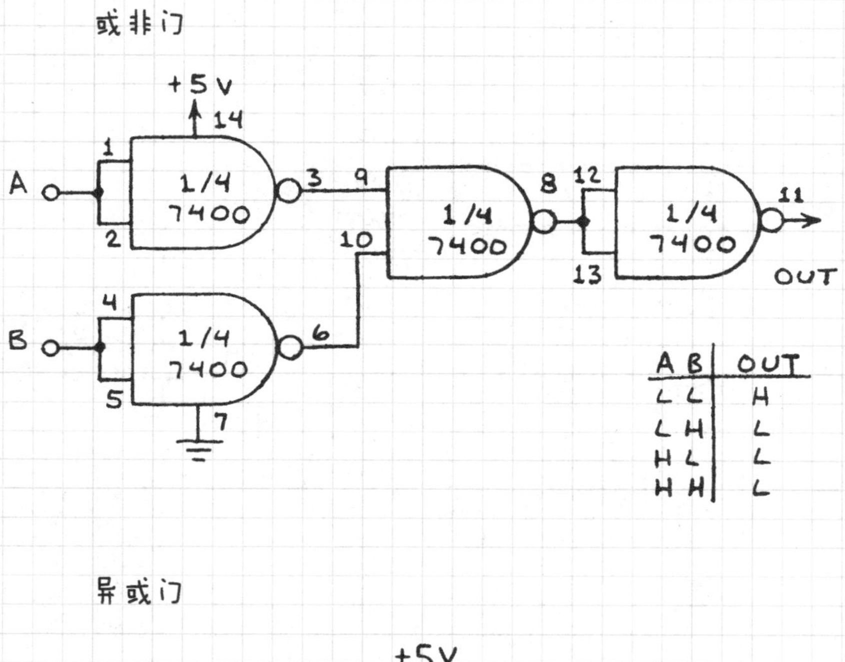

A	B	OUT
L	L	H
L	H	L
H	L	L
H	H	L

异或门

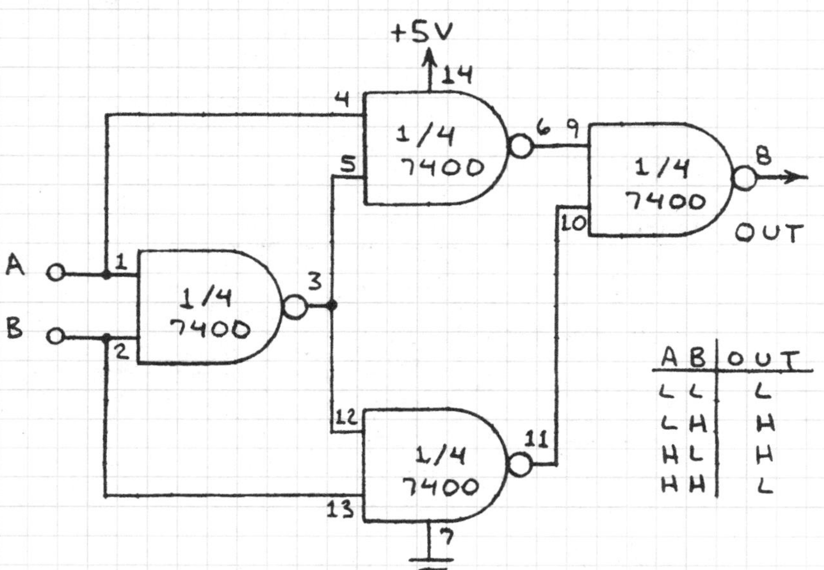

A	B	OUT
L	L	L
L	H	H
H	L	H
H	H	L

同门/异或非门

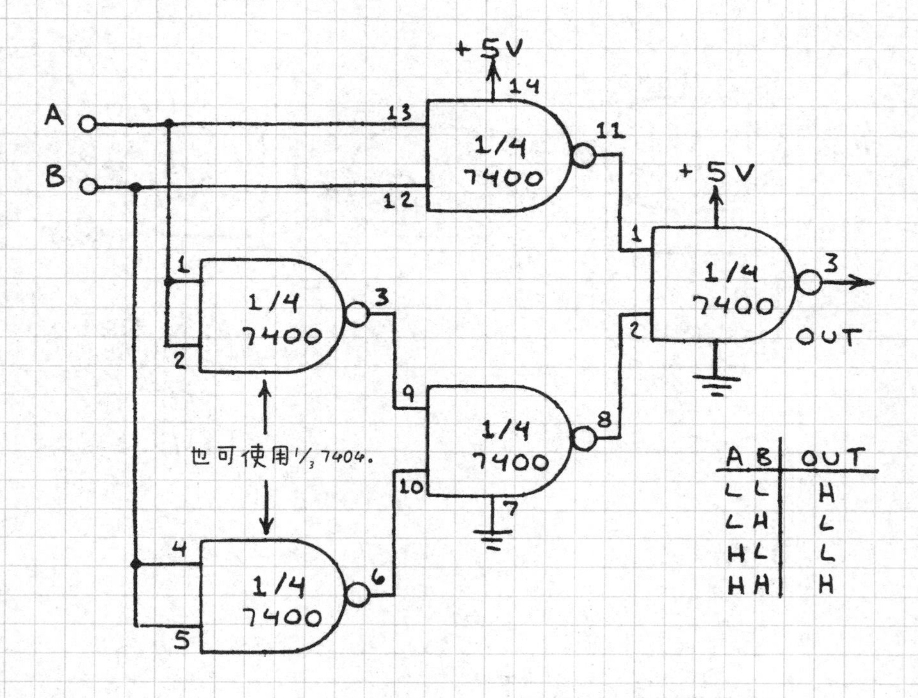

A	B	OUT
L	L	H
L	H	L
H	L	L
H	H	H

RS 锁存器

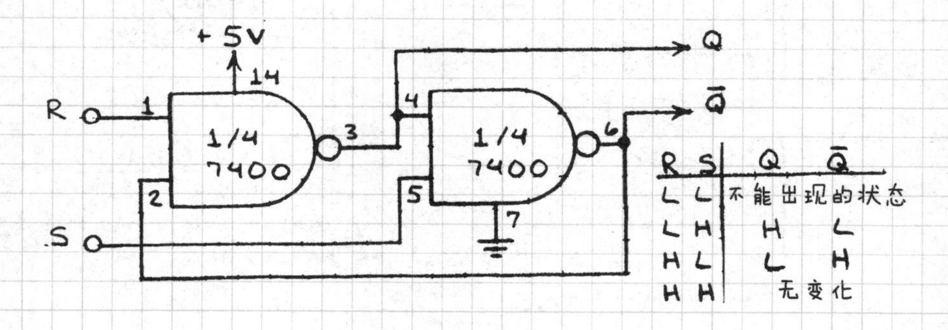

R	S	Q	$\overline{Q}$
L	L	不能出现的状态	
L	H	H	L
H	L	L	H
H	H	无变化	

门控RS锁存器

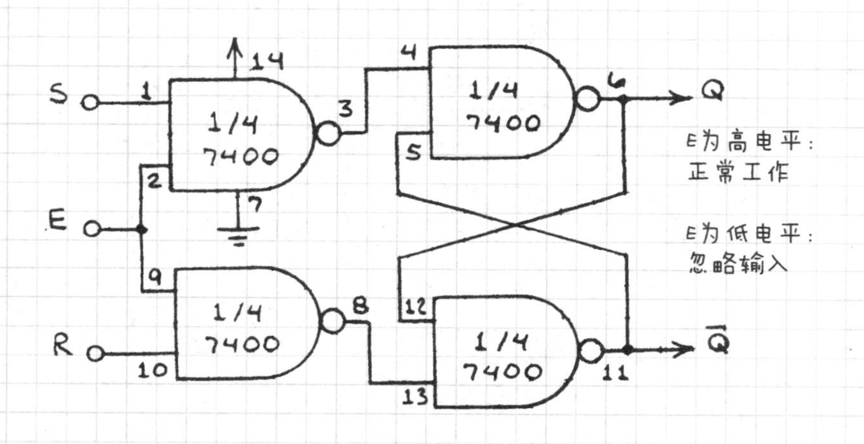

D触发器

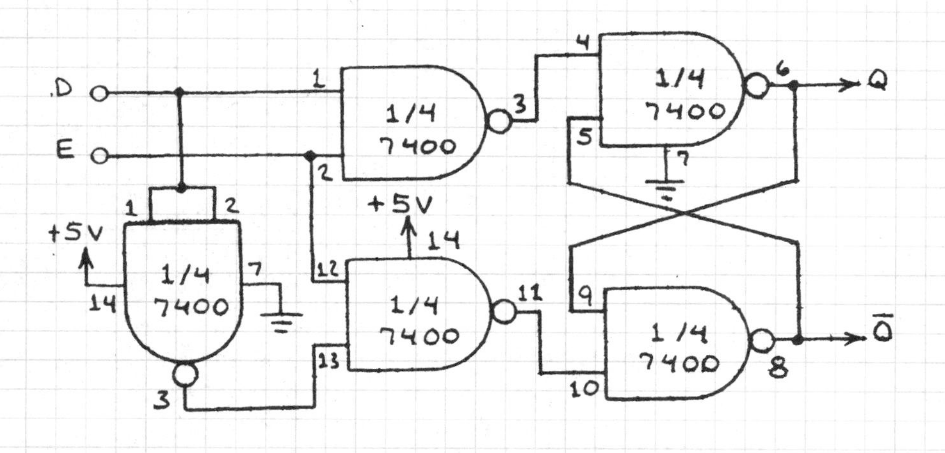

当使能端（E）为高电平时Q的状态跟随D（Q = D）。当E为低电平时D不使电路改变。

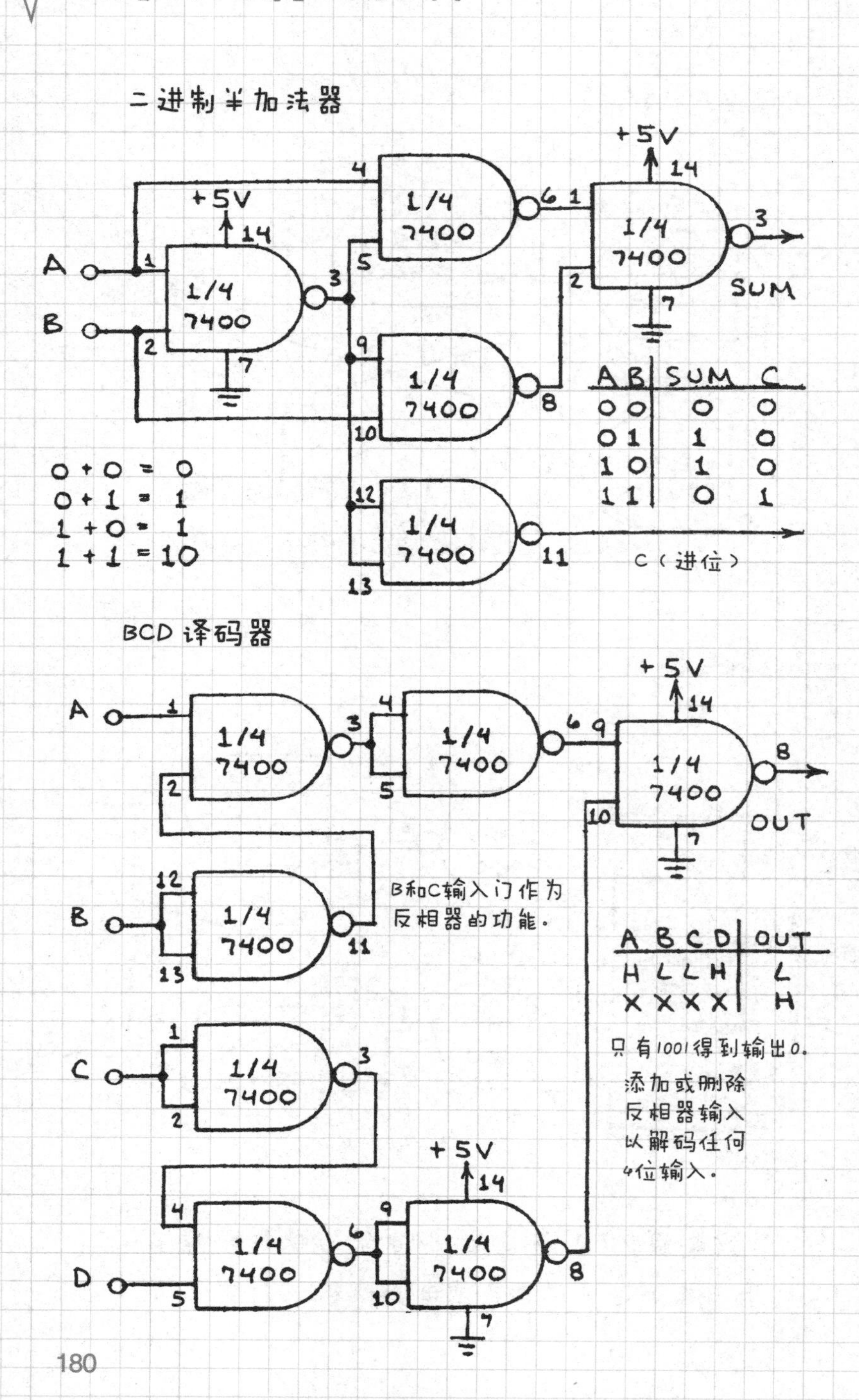
二进制半加法器
+5V
14
4
1/4
7400
6
1
1/4
7400
3
SUM
2
7
A
1
B
2
1/4
7400
3
5
9
1/4
7400
8
10
12
1/4
7400
11
13
C（进位）
AB SUM C
0 0 0 0
0 1 1 0
1 0 1 0
1 1 0 1
0+0 = 0
0+1 = 1
1+0 = 1
1+1 =10
BCD 译码器
A
B
C
D
1/4
7400
OUT
B和C输入门作为
反相器的功能.
A B C D OUT
H L L H L
X X X X H
只有1001得到输出0.
添加或删除
反相器输入
以解码任何
4位输入.

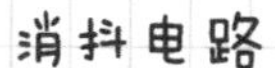
消抖电路

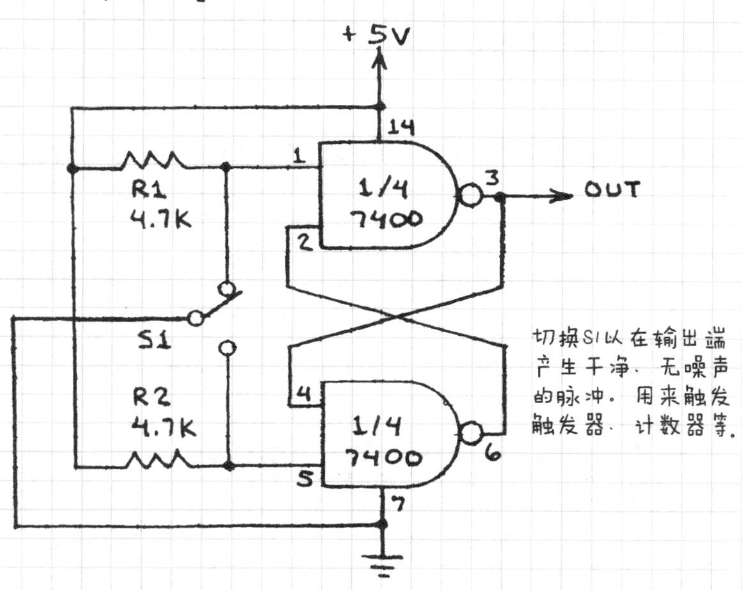

切换S1以在输出端产生干净、无噪声的脉冲。用来触发触发器、计数器等。

双LED闪光灯

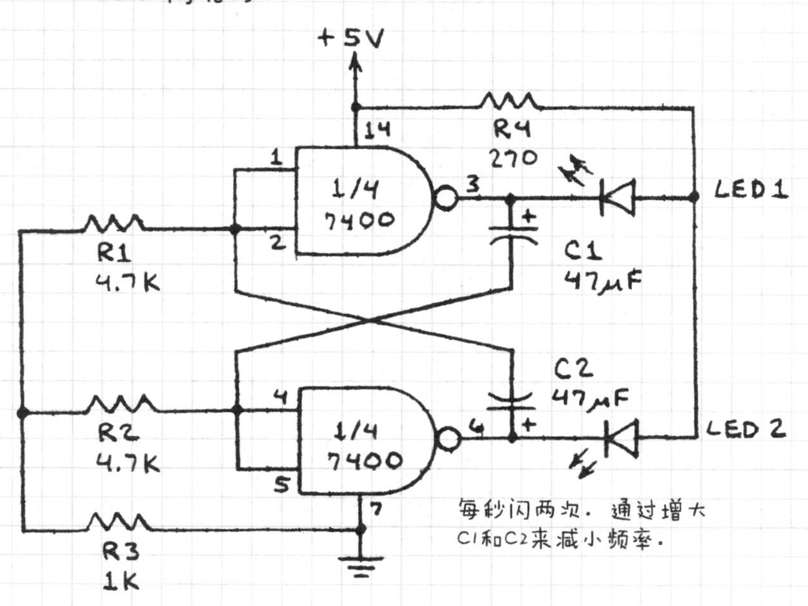

每秒闪两次。通过增大C1和C2来减小频率。

4.9 TTL 应用电路

下面的电路说明TTL芯片可以很容易地互连，以完成许多不同的应用。

4.9.1 双路输出选择器

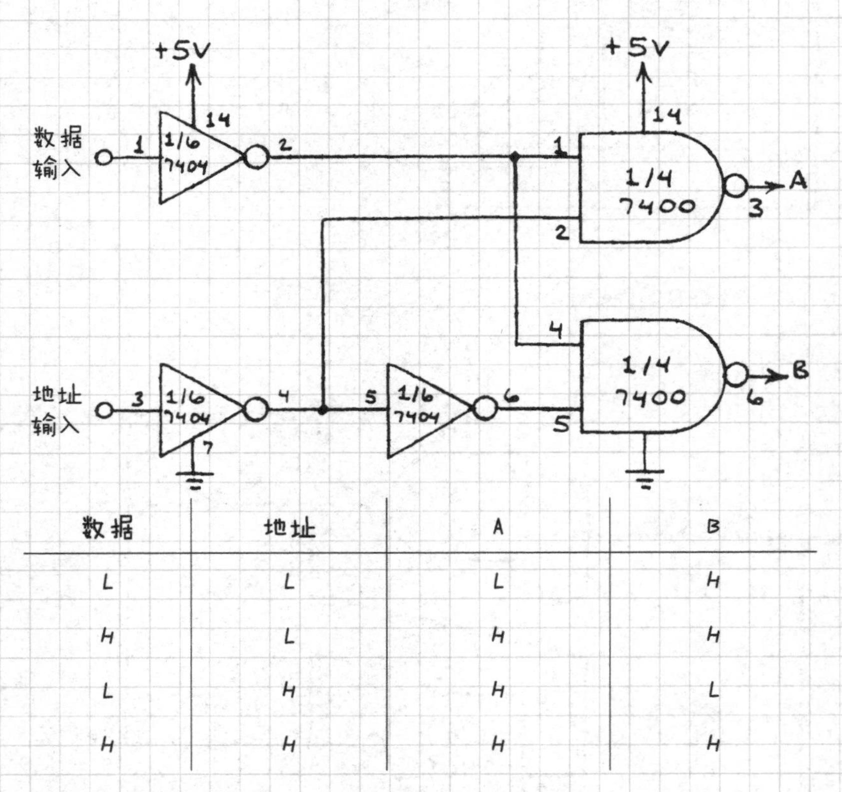

数据	地址	A	B
L	L	L	H
H	L	H	H
L	H	H	L
H	H	H	H

数据输入位由地址位指向A或B输出。

4.9.2 扩展器

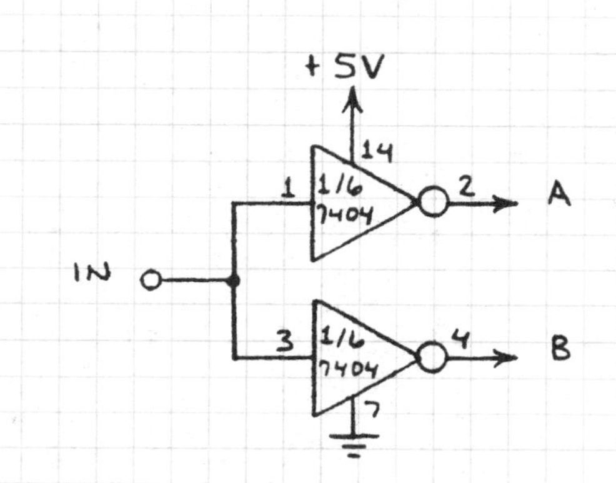

用于提供多个输出，每个输出具有与单个输出相同的驱动能力。用于LED、晶体管驱动器等。

4.9.3 两输入数据选择器

选定输入位（A或B）被引导到输出。电路可以扩展。

地址	A	B	OUT
L	L	X	L
L	H	X	H
H	X	L	L
H	X	H	H

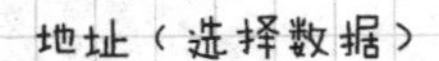
地址（选择数据）

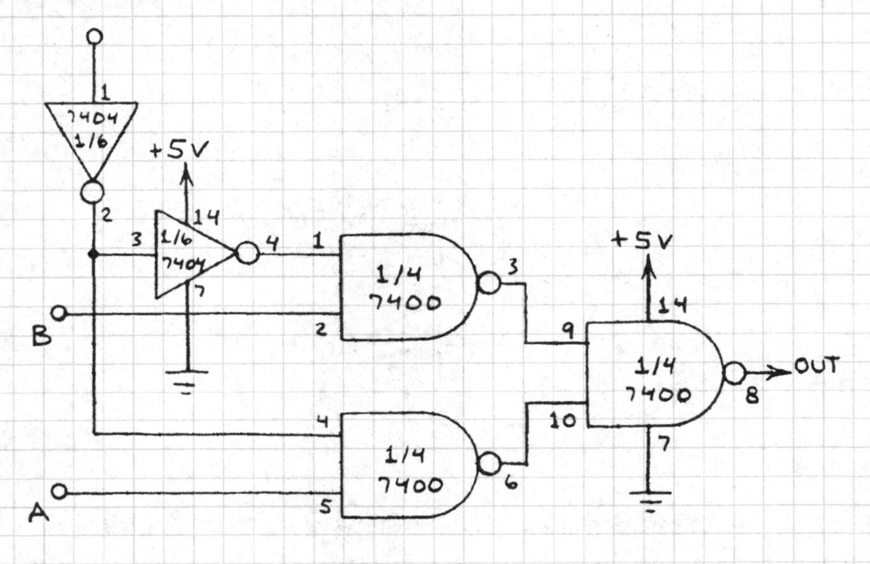
1
7404
1/6
+5V
2
14
3
1/6
7404
4
1
1/4
7400
3
7
+5V
B
2
14
9
1/4
7400
OUT
8
4
10
1/4
7400
7
A
5
6

4.9.4 逻辑探针

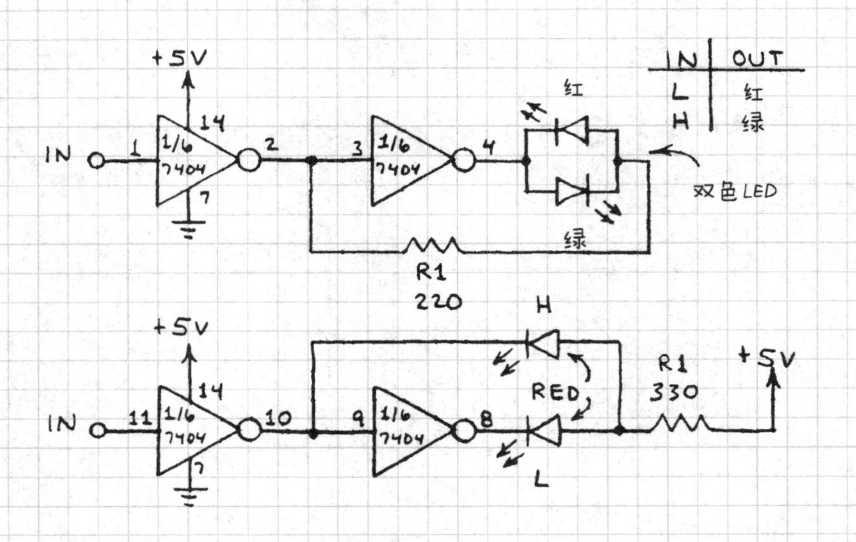
+5V
IN | OUT
L | 红
H | 绿
红
14
IN
1
1/6
7404
2
3
1/6
7404
4
7
双色LED
绿
R1
220
H
+5V
R1
330
+5V
RED
14
IN
11
1/6
7404
10
9
1/6
7404
8
7
L

4.9.5 一致表决器

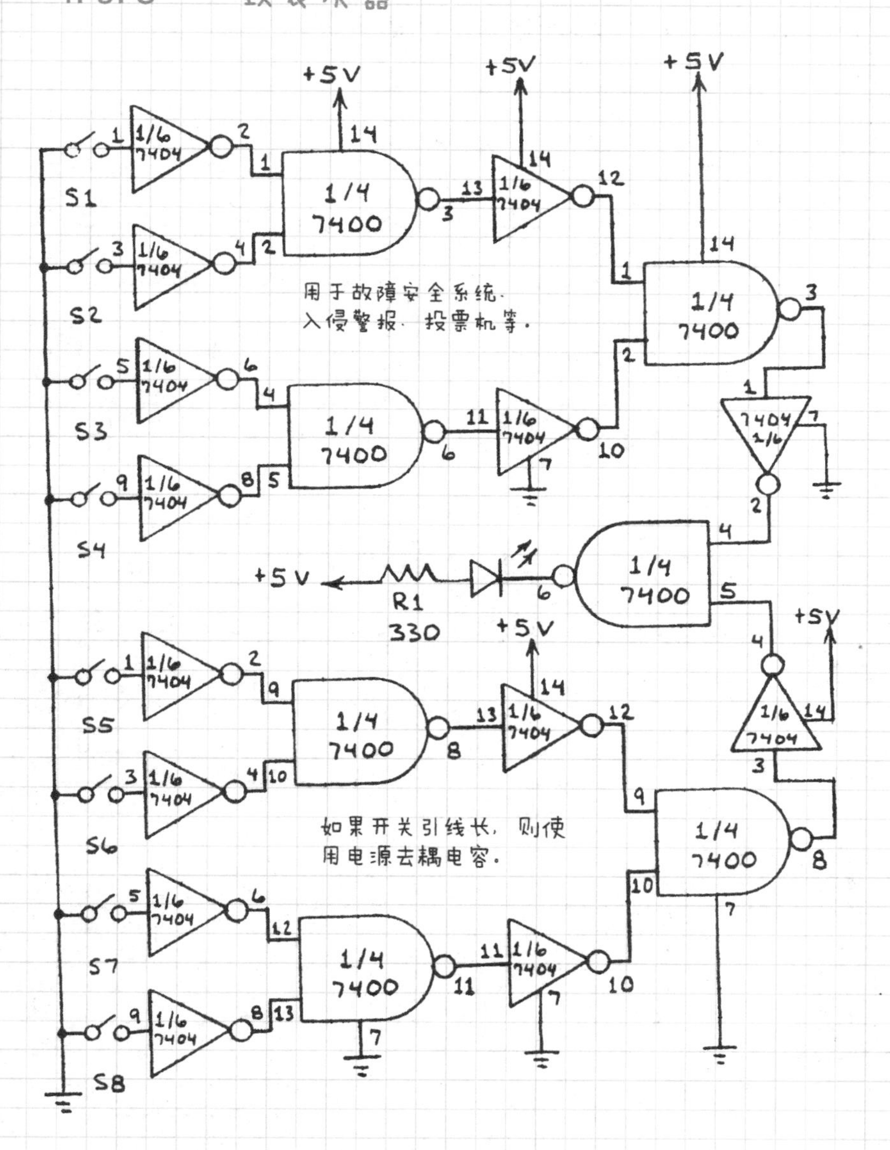

当所有的输入端都是关闭状态时，LED 发出稳定的

光。如果输出发送到其他逻辑，将 8 个 7404 输入反相器的输入通过 4.7kΩ 电阻连接到 +5V 的电源。

4.9.6 分频计数器

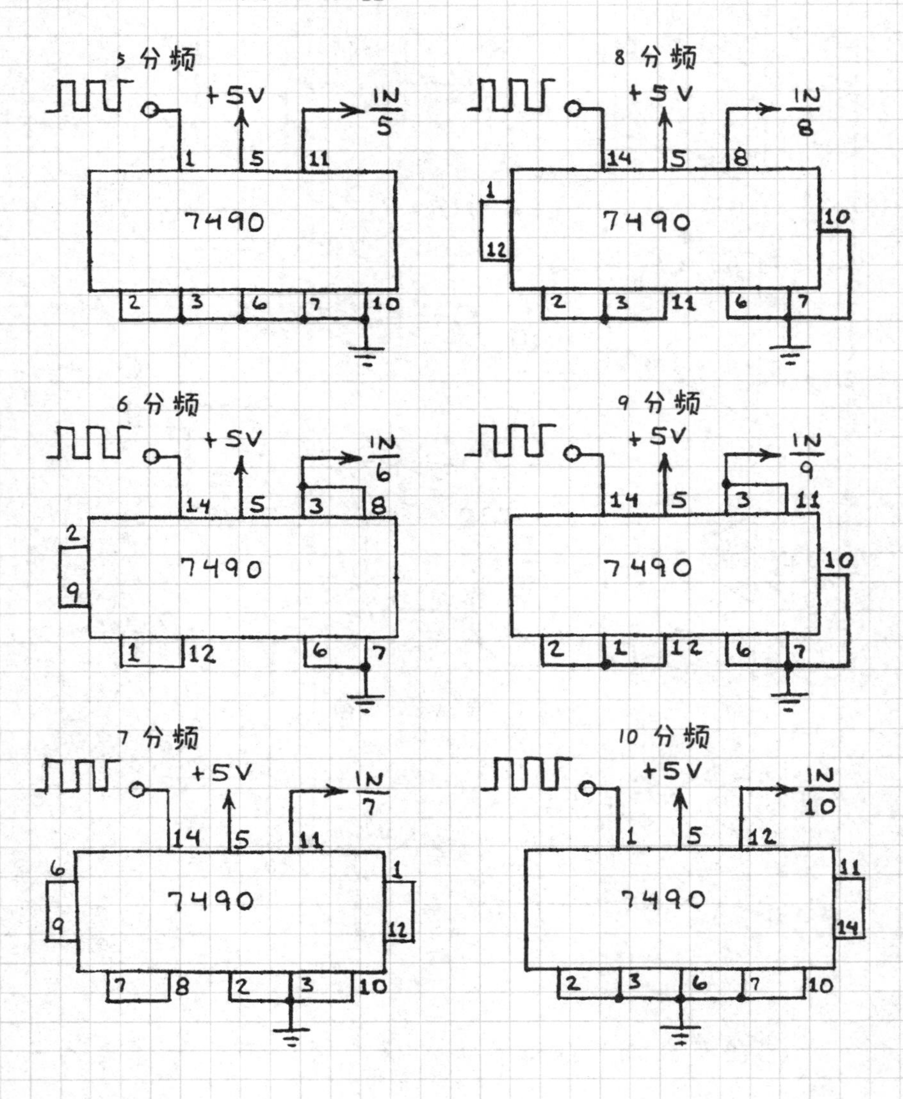

4.9.7 两位 BCD 计数器

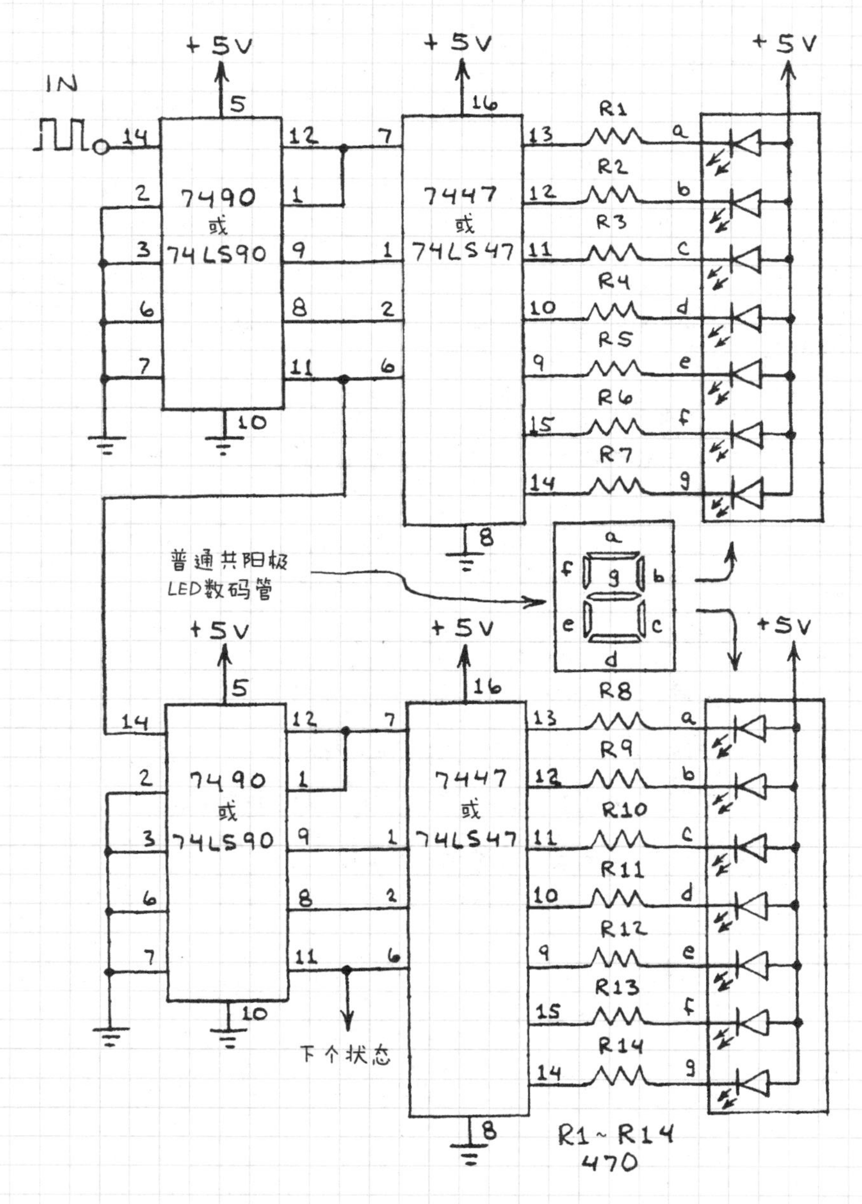

用于给手动输入无跳变开关的脉冲计数。

计时器：将555振荡器连接到输入。

4.9.8 显示调光器/闪光器

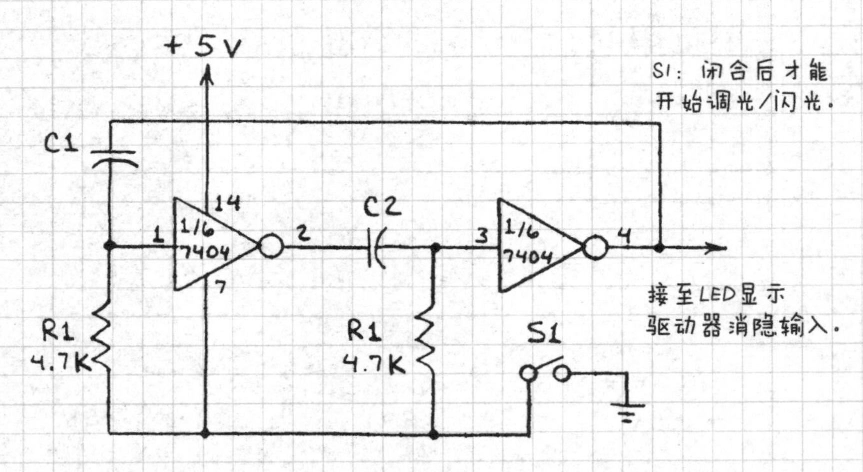

调光器：C1、C2：0.1μF

闪光器：C1、C2：47μF（每秒闪两下）

该电路可以控制4.9.7节的7447解码器（将每个7447的4脚连接到调光器/闪光器的输出）。

4.9.9 0～99秒/分钟定时器

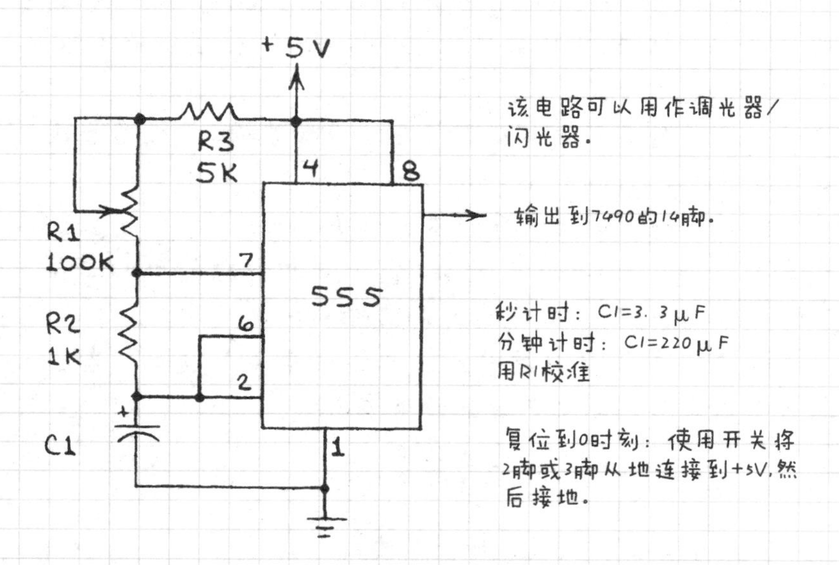

4.10 CMOS逻辑系列

互补型金属氧化半导体（CMOS）逻辑芯片每片能实现的功能量要比TTL和TTL/LS逻辑芯片高不少。尽管标准的CMOS电路并不像TTL电路一样快，但胜在降低了大量的功耗。一个CMOS门仅需0.1mA的电流。CMOS逻辑电路可以被很大范围的电压（3～18V）驱动。CMOS电路最大的缺点就是对静电较敏感。

4.10.1 操作要求

1. V_{DD}（正电压供电）绝对不能高于15V（标准CMOS）或18V（B系列）。

2，输入信号的电压范围要在地电位到 V_{DD} 之间。

3，未使用的引脚会受到杂散信号影响并产生奇怪的操作，导致过量的功率损耗。所有未使用的引脚必须接 V_{DD} 或接地。

4，尽可能地让输入的信号变化速度变快，否则将导致功耗的上升。最好大于15次/μs。

5，输入信号的频率绝对不能大于CMOS芯片的最大工作频率。标准的CMOS芯片在 V_{DD} = 5V时标准最大响应为1MHz，在 V_{DD} = 15V时标准最大响应为5MHz。

6，当电源关闭时绝对不能向芯片中输入信号。当芯片内部有信号时绝对不能断开电源。

4.10.2 处理注意事项

1，避免触碰CMOS芯片的引脚。

2，绝对不要把CMOS芯片存放在非导电塑料托盘、袋子、泡沫或“雪”中。

3，当CMOS芯片不是安装在电路中，或是存储在导电泡沫中时，将CMOS芯片引脚放置在铝箔片或托盘上。

4，绝对不能在线路接电的情况下把芯片安装上去，也不能在线路通电的时候将芯片拆下。

5，使用电池供电的电烙铁将CMOS芯片焊接在线路中。如果电烙铁尖端不存在杂散电压的话，可以使用交流电源供电的电烙铁。

4.10.3 供电

大部分的CMOS电路可以使用电池供电。一般来说，电路中的LED、灯泡、继电器等部件比驱动它们的

CMOS芯片更加耗电。

4.10.3.1 电池供电

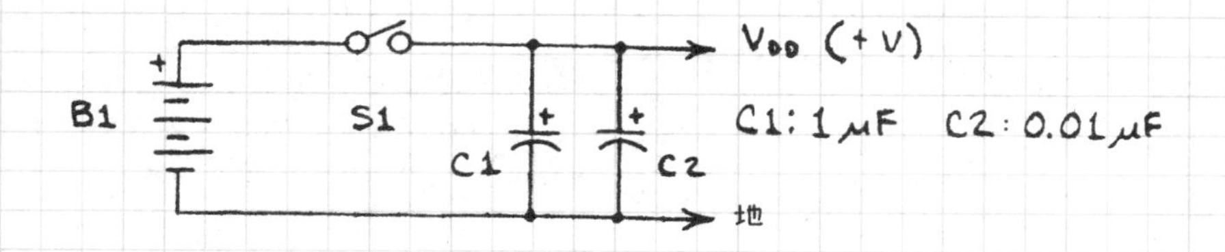

B1提供3~15V之间的电压。当接到B1的引线较长时可接入C1和C2。可以使用7805、7812或7815等电源调节芯片。

4.11 CMOS输入接口

如果4.10.1节的操作要求达到了的话，非CMOS的芯片及器件可以用于为CMOS芯片提供信号输入。下面电路图末尾部分的反相器代表接收信号的CMOS电路。

4.11.1 时钟脉冲发生器

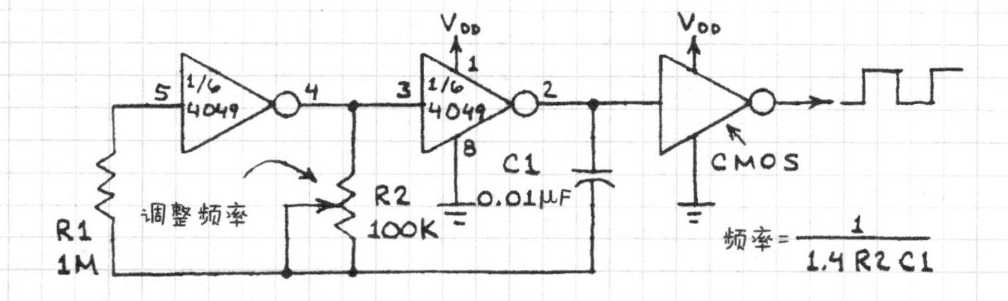

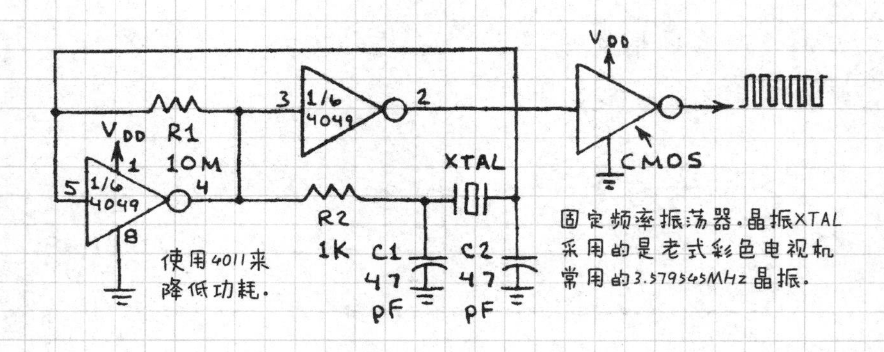

4.11.2 无跳变开关

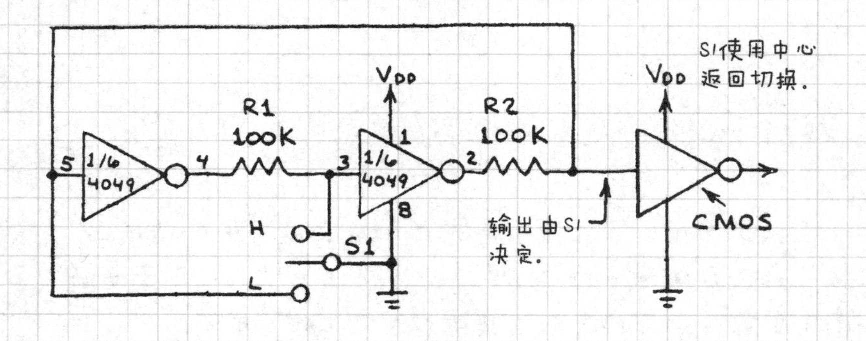

4.11.3 光电池转CMOS

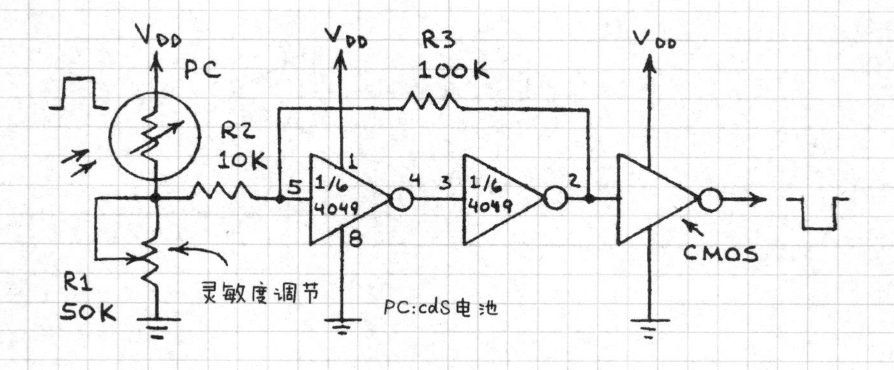

4.11.4 光敏晶体管转 CMOS

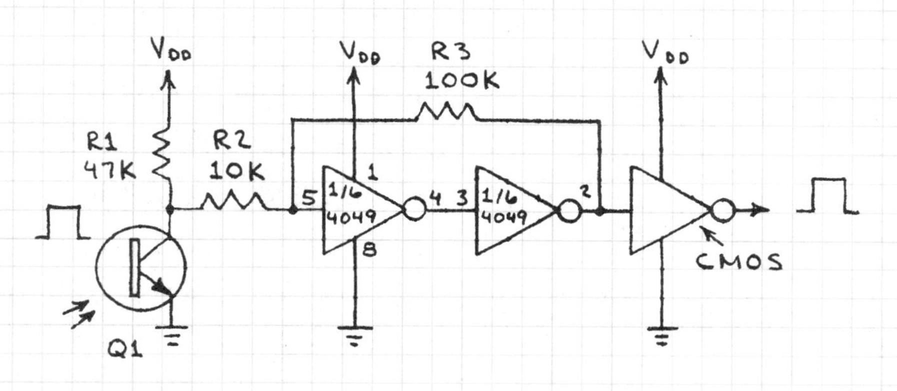

4.11.5 比较器/运算放大器转 CMOS

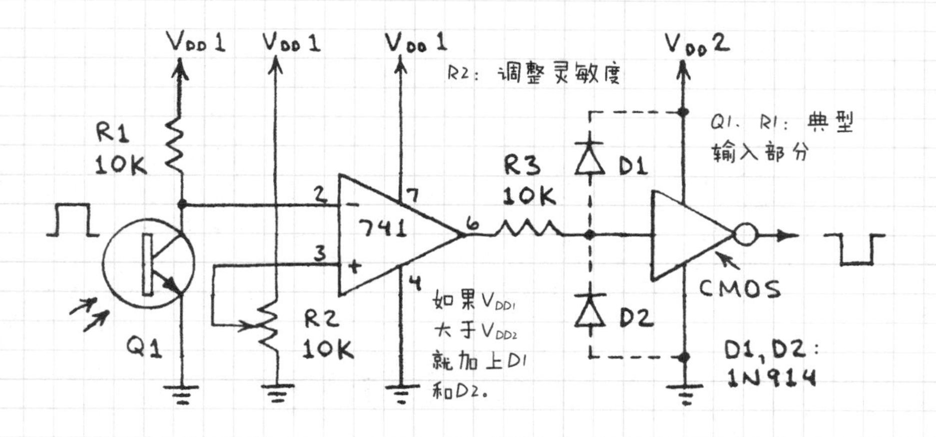

4.12 CMOS 输出接口

尽管 CMOS 芯片的输出电流有限，仍可在其他器件的帮助下作为驱动输出。

4.12.1 增加输出

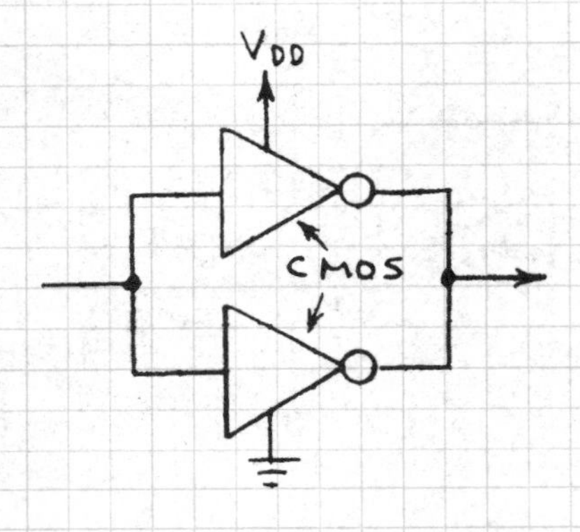

通过连接几个并联的门来增加输出的电流。两个门就能够产生原来两倍的输出电流。4049 和 4050 十六进制反相器和缓冲器提供高输出。

4.12.2 驱动 LED

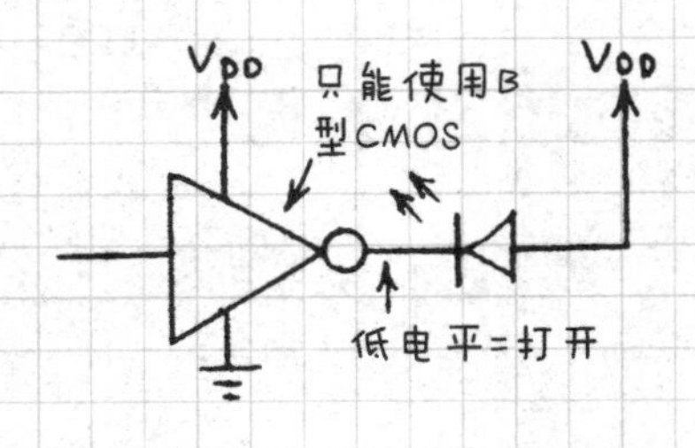

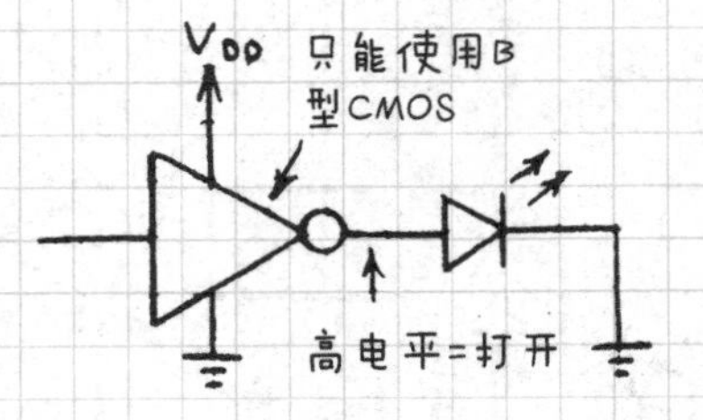

只有当 $V_{DD} \leqslant 4.5V$ 的时候 LED 可以不带电阻。

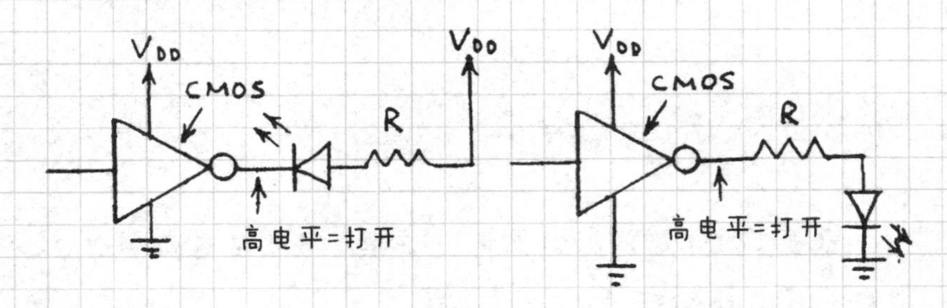

当 V_{DD} >6V 时使用电阻，以限制 LED 的电流。当红色 LED 的电流为 0.01A 时，$R=\frac{V_{DD}-1.7}{0.01}$。

4.12.3 驱动晶体管

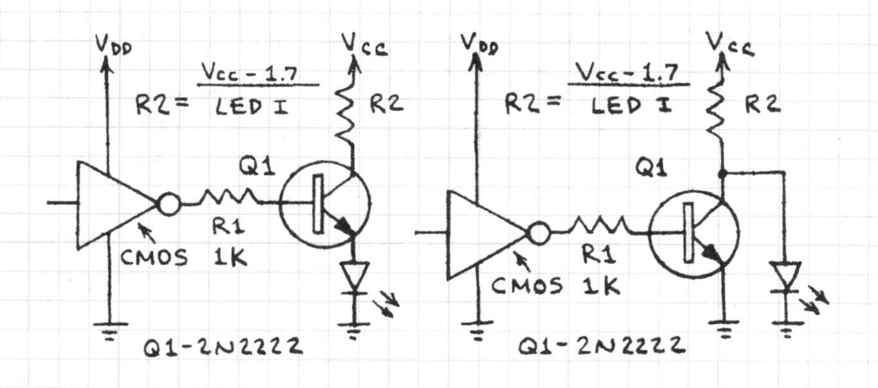

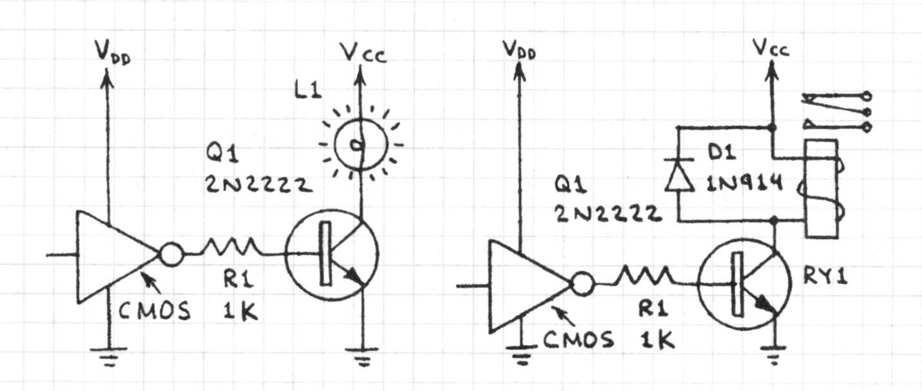

V_{CC}可大于（或小于）V_{DD}。根据 V_{CC} 的大小选择 $R1$ 和 RY。

4.12.4 驱动 SCR

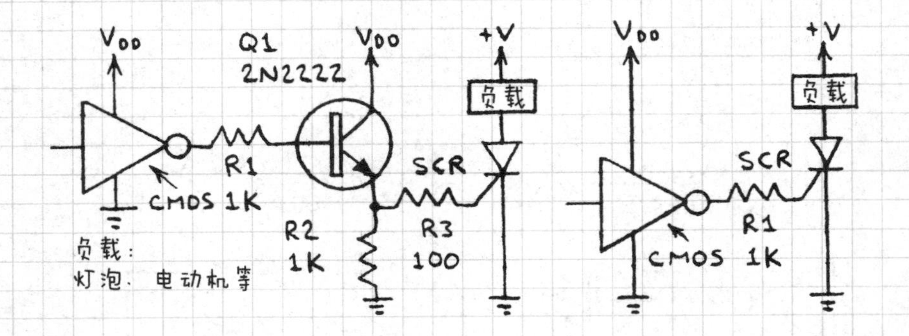

SCR 电压（+V）可大于（或小于）V_{DD}。这个电路与 TTL 版本（见 4.7.4 节）的完全相同。

4.13 CMOS 与非门电路

使用 4011 1/4 与非门时可随意安排门的顺序。所有未被使用的输入端必须被接 V_{DD} 或接地。V_{DD} 的范围为 +3 ~ +15V。遵循 CMOS 处理注意事项。

控制门

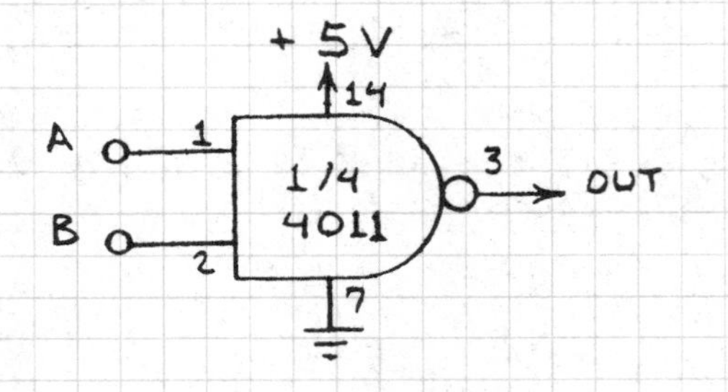

A	B	OUT
L	L	H
L	H	H
H	L	H
H	H	L

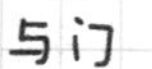

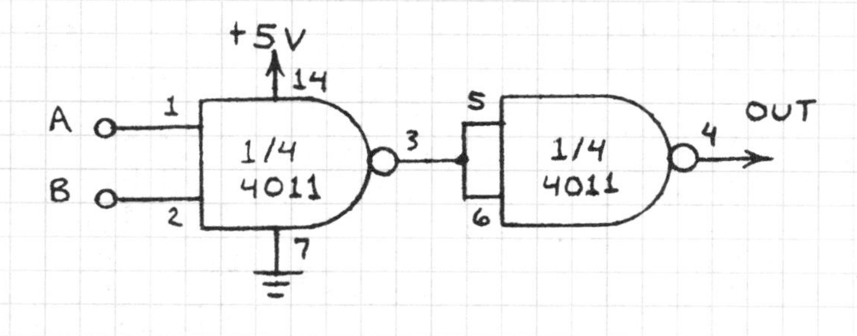

A	B	OUT
L	L	L
L	H	L
H	L	L
H	H	H

或门

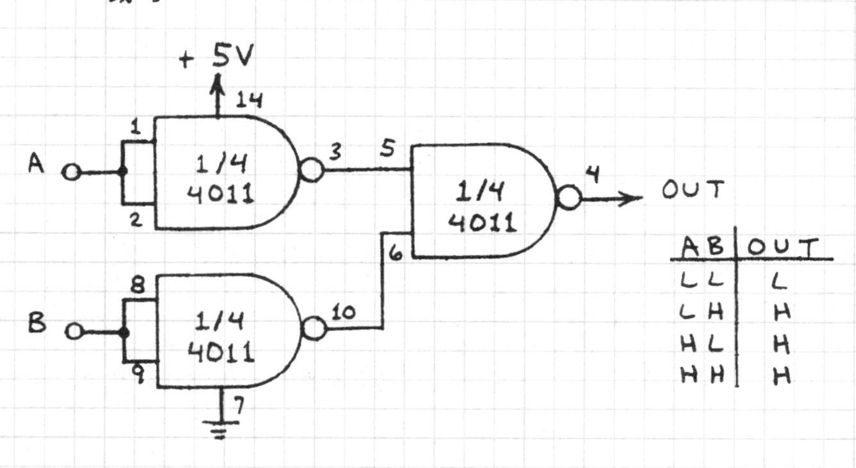

四路输入与非门

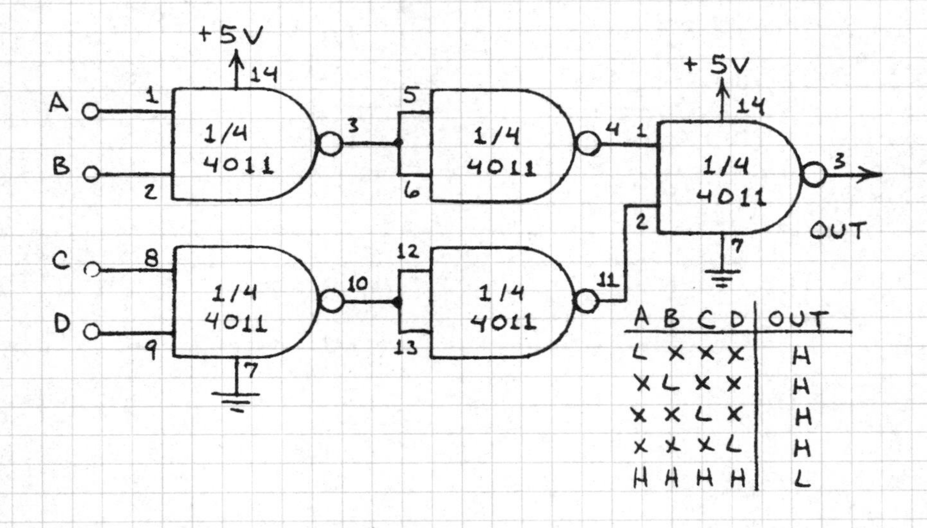

A	B	C	D	OUT
L	X	X	X	H
X	L	X	X	H
X	X	L	X	H
X	X	X	L	H
H	H	H	H	L

反相器/非门

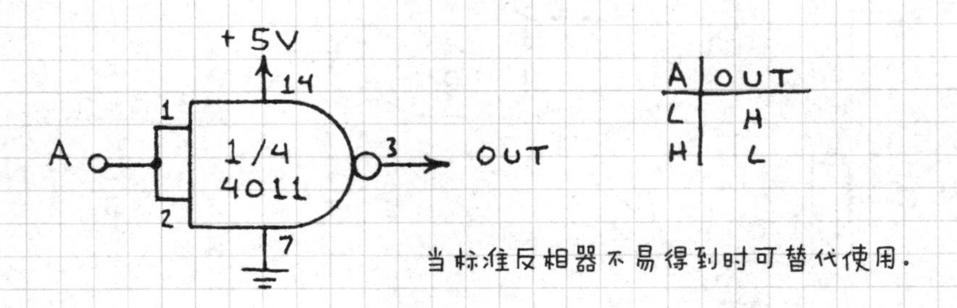

A	OUT
L	H
H	L

当标准反相器不易得到时可替代使用.

或非门

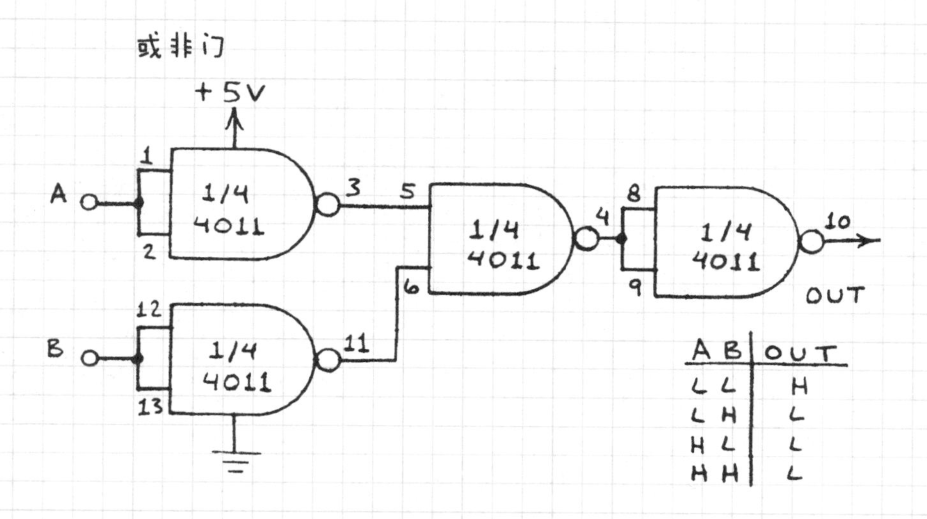

A	B	OUT
L	L	H
L	H	L
H	L	L
H	H	L

开关去抖动电路

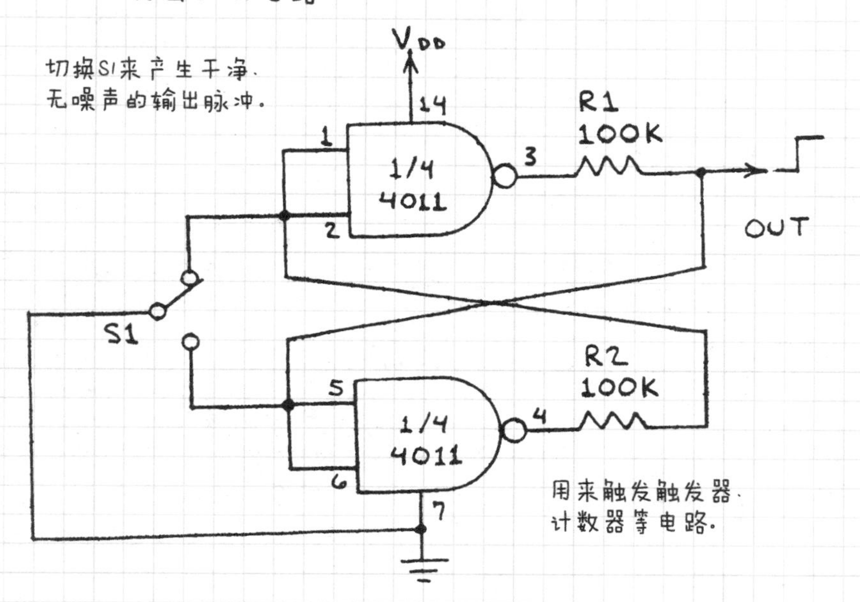

一次性触摸开关

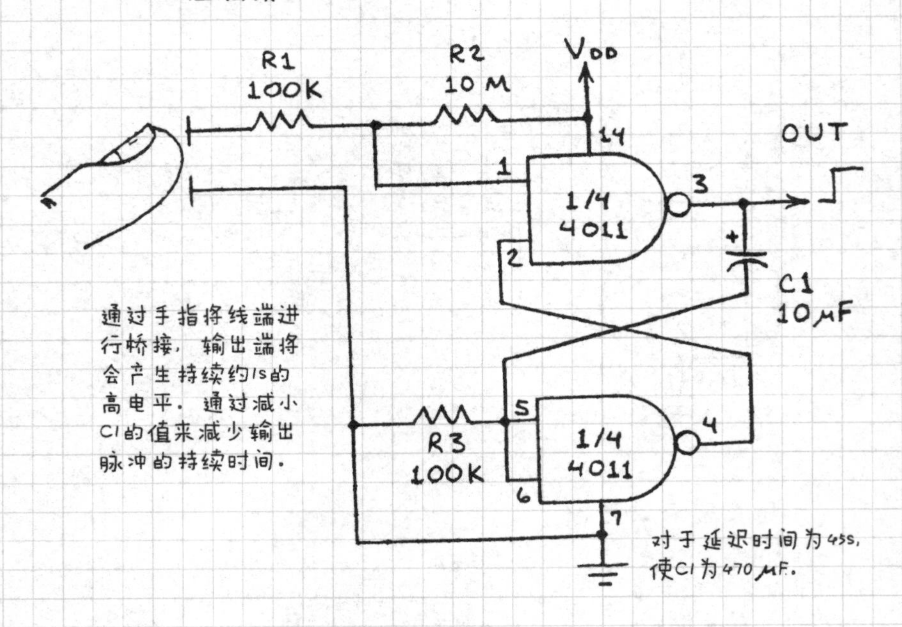

标准触摸开关

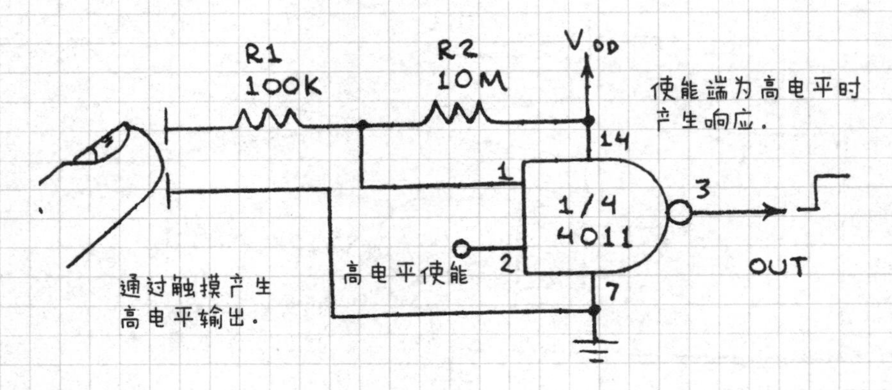

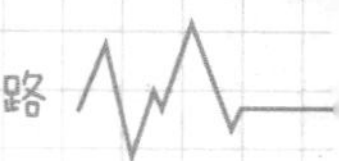

X-10 线性放大器

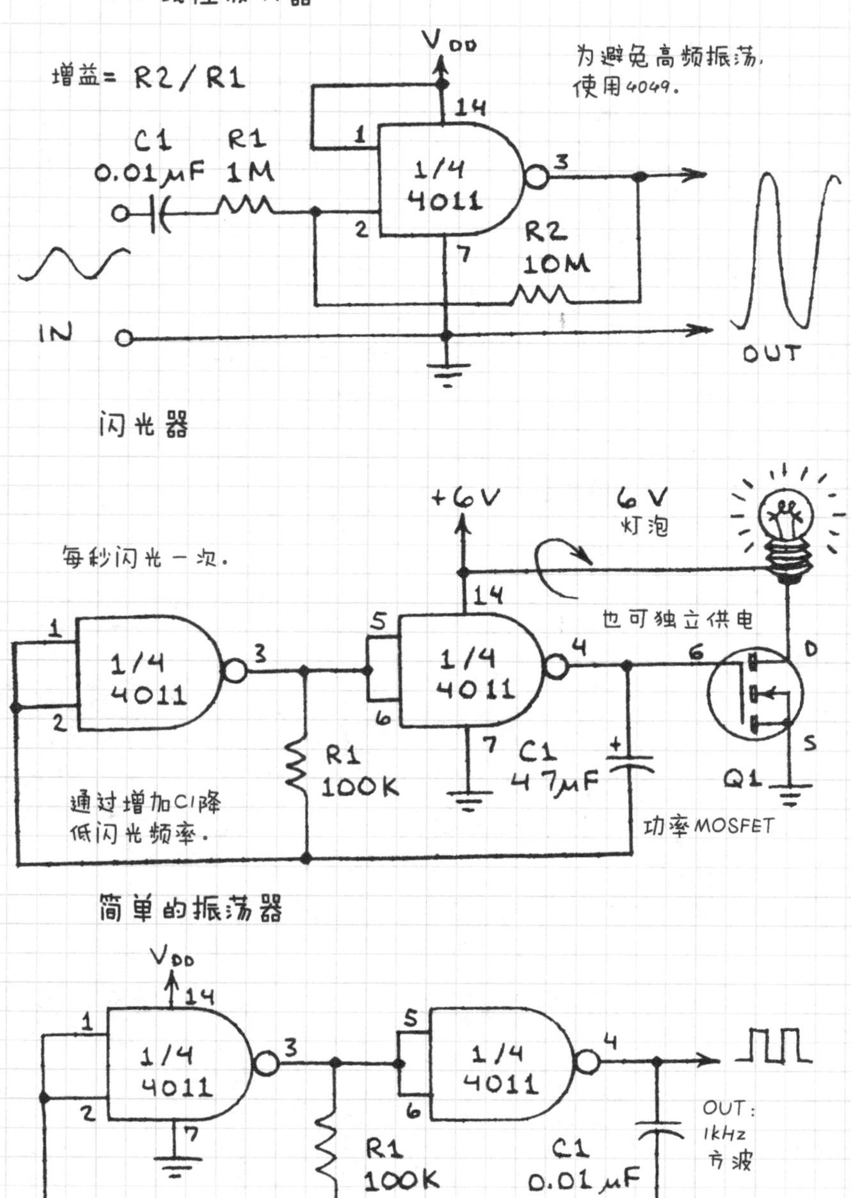
增益= R2/R1
VDD
为避免高频振荡，
使用4049。
14
1
C1
0.01μF
R1
1M
1/4
4011
3
2
7
R2
10M
IN
OUT
闪光器
+6V
6V
灯泡
每秒闪光一次。
14
也可独立供电
1
1/4
4011
3
2
5
1/4
4011
4
6
D
6
S
7
R1
100K
C1
47μF
Q1
通过增加C1降
低闪光频率。
功率MOSFET
简单的振荡器
VDD
14
1
1/4
4011
3
2
7
5
1/4
4011
4
6
OUT:
1kHz
方波
R1
100K
C1
0.01μF

门控振荡器

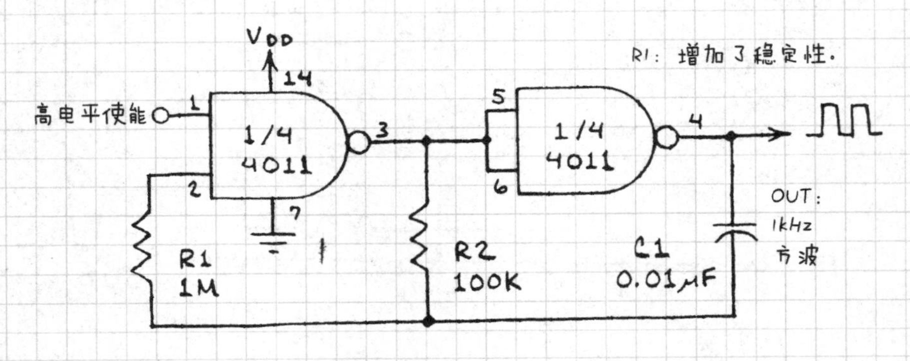

门控 LED 闪光器

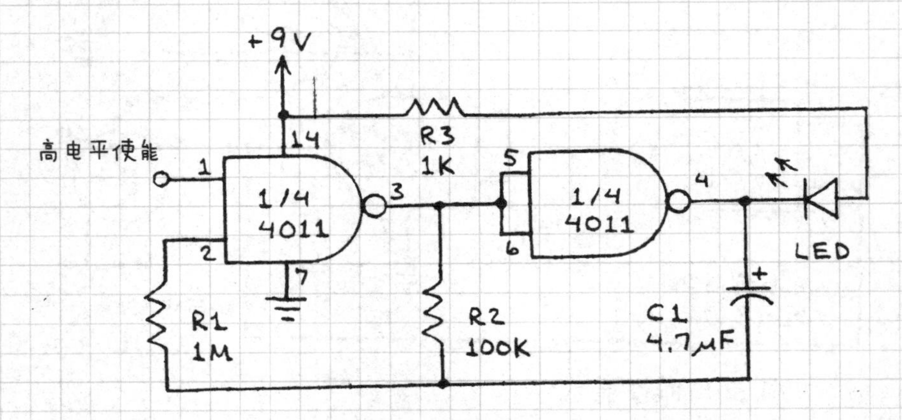

LED 在高电平时闪烁频率为 1 ~ 2Hz，并在低电平时持续发光。

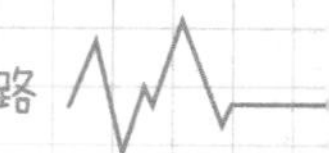

门控音源

E：高电平使能

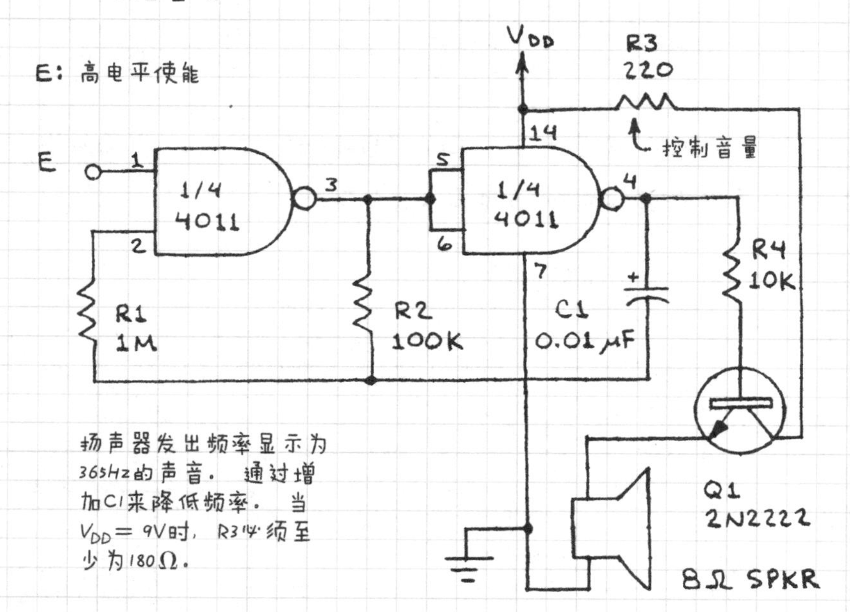

扬声器发出频率显示为365Hz的声音。通过增加C1来降低频率。当V_{DD}＝9V时，R3必须至少为180Ω。

双LED闪光灯

LED每隔1s交替闪烁一次。

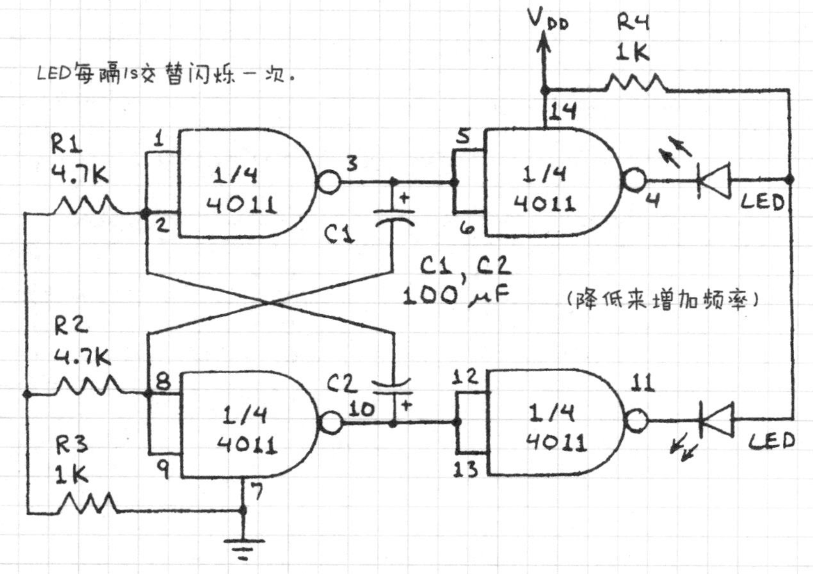

4.14 CMOS 应用电路

下面的电路说明了 CMOS 逻辑芯片的多功能性。所有未被使用的引脚必须被接至 V_{DD} 或接地。

4.14.1 RS 锁存器

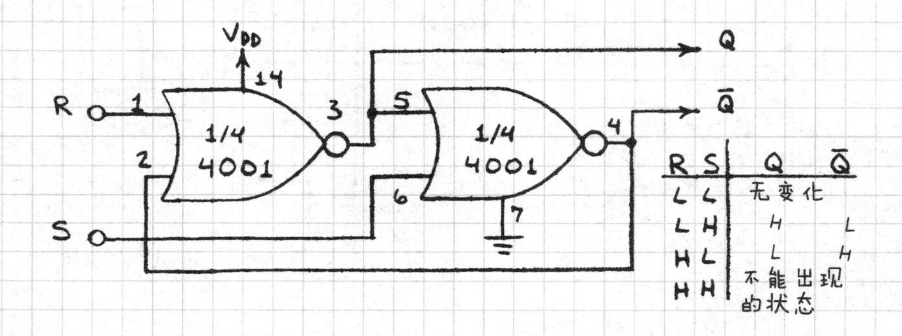

R	S	Q	Q̄
L	L	无变化	
L	H	H	L
H	L	L	H
H	H	不能出现的状态	

4.14.2 相移振荡器

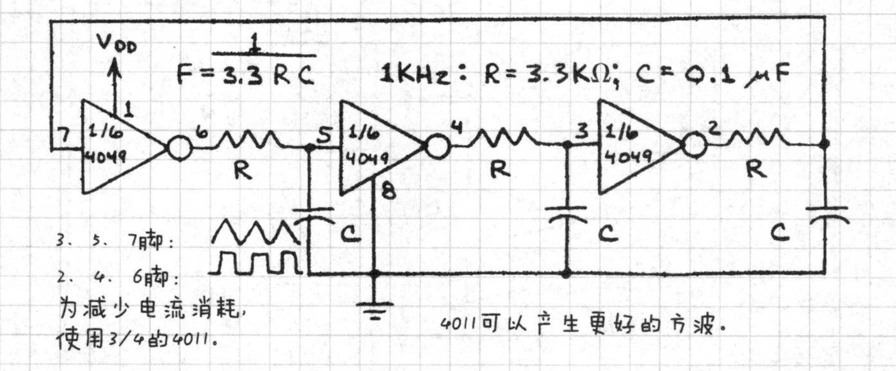

4.14.3 逻辑探头

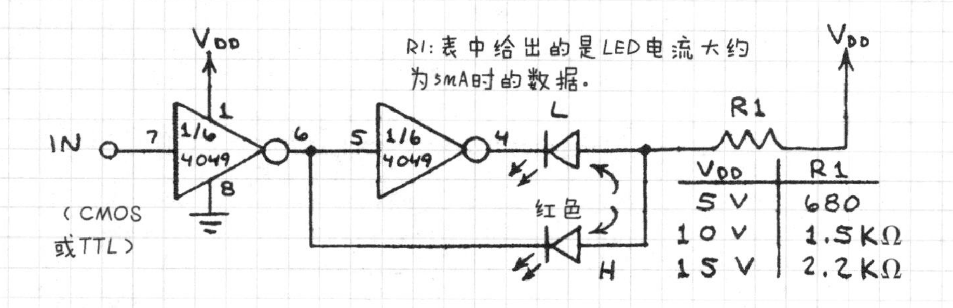

4.14.4 四位数据总线控制器

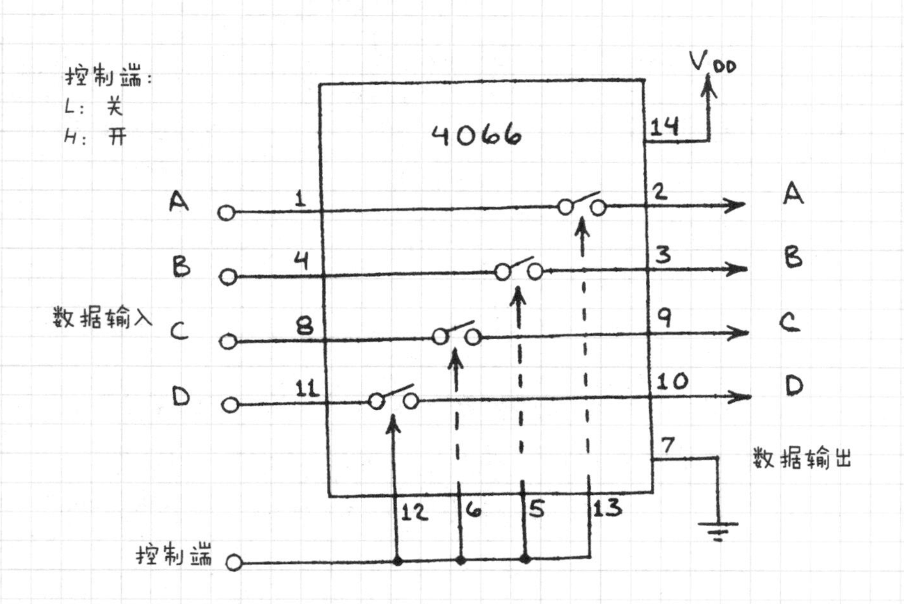

4.14.5 四选一数据选择器

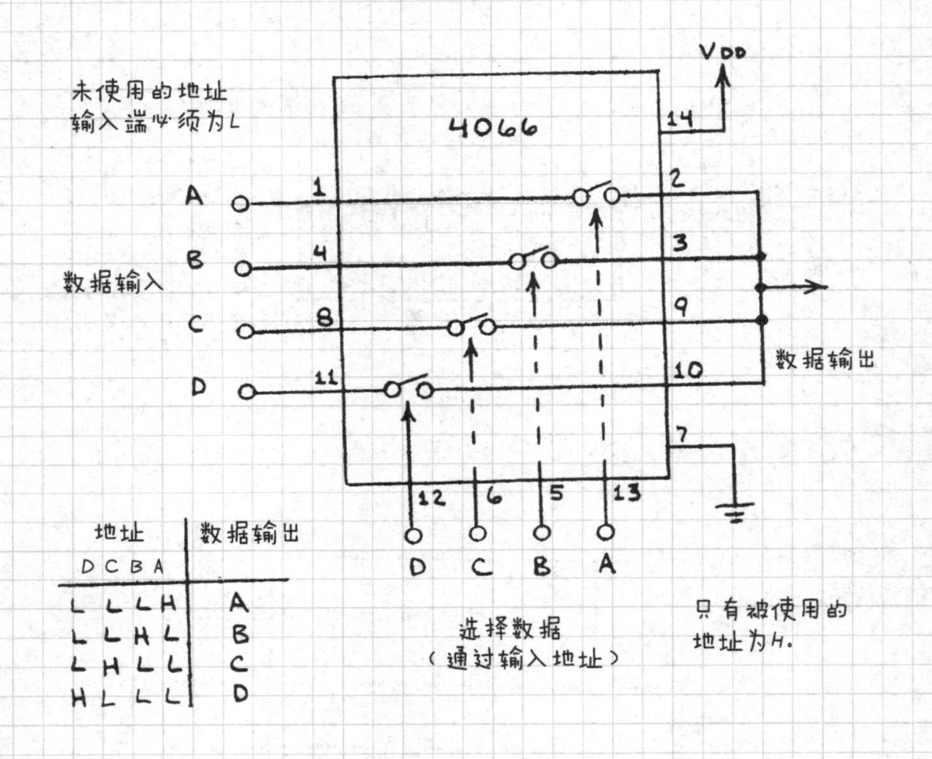

地址 D C B A	数据输出
L L L H	A
L L H L	B
L H L L	C
H L L L	D

4.14.6 1-4序列生成器

该电路的4路依次输出高电平；所有其他输出保持为低电平。R2控制序列速率。提高延迟需将C1增加到47μF。该电路的输出可以驱动LED等器件。4017十进制计数器也是类似的运行方式（也包含1－10译码器）。

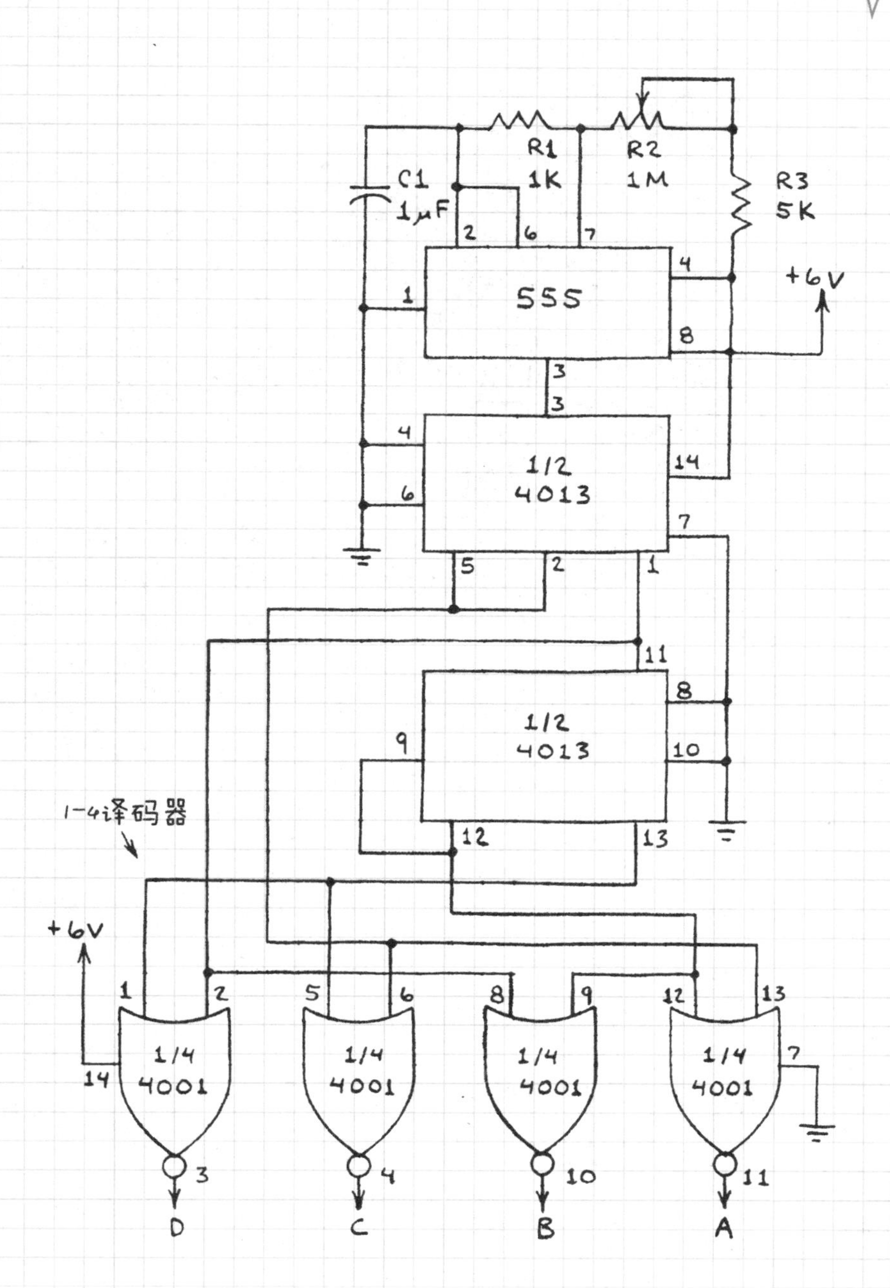
R1
1K
R2
1M
R3
5K
C1
1μF
555
+6V
1/2
4013
1-4译码器
1/4
4001
D
C
B
A

4.14.7 移位寄存器

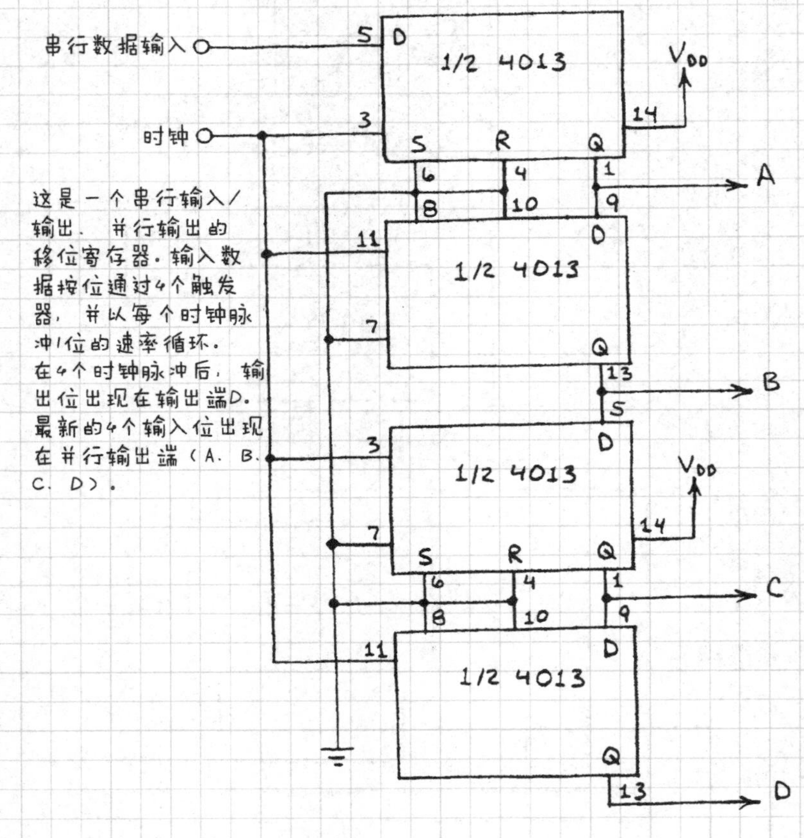

4.14.8 循环计数器（计数从1至N）

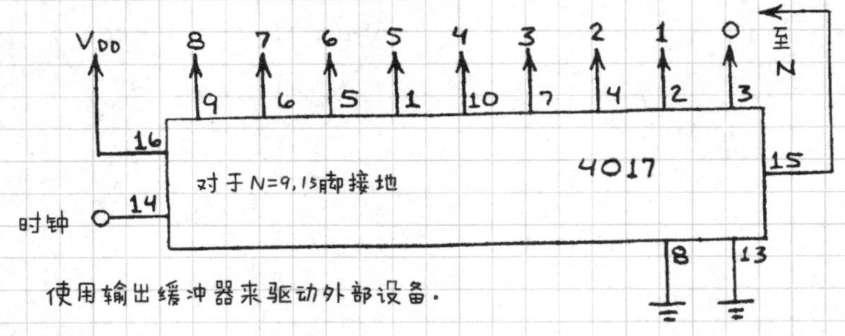

使用输出缓冲器来驱动外部设备。

4.14.9 可编程计时器

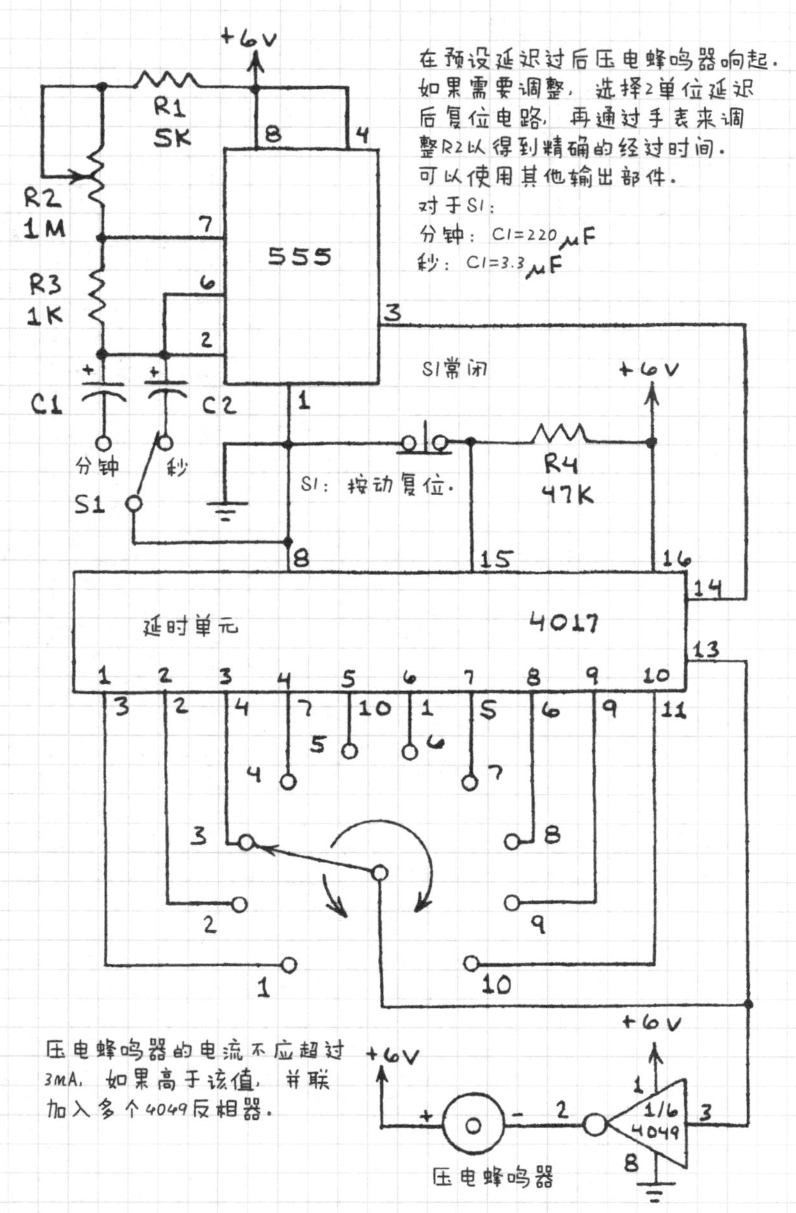
+6V
R1
5K
R2
1M
R3
1K
C1
C2
分钟
秒
S1
555
8
4
7
6
2
3
1
在预设延迟过后压电蜂鸣器响起。
如果需要调整，选择2单位延迟
后复位电路，再通过手表来调
整R2以得到精确的经过时间。
可以使用其他输出部件。
对于S1：
分钟：C1=220μF
秒：C1=3.3μF
S1常闭
S1：按动复位。
R4
47K
15
16
14
13
延时单元
4017
压电蜂鸣器的电流不应超过
3mA，如果高于该值，并联
加入多个4049反相器。
1/6
4049
压电蜂鸣器

4.14.10 随机数发生器

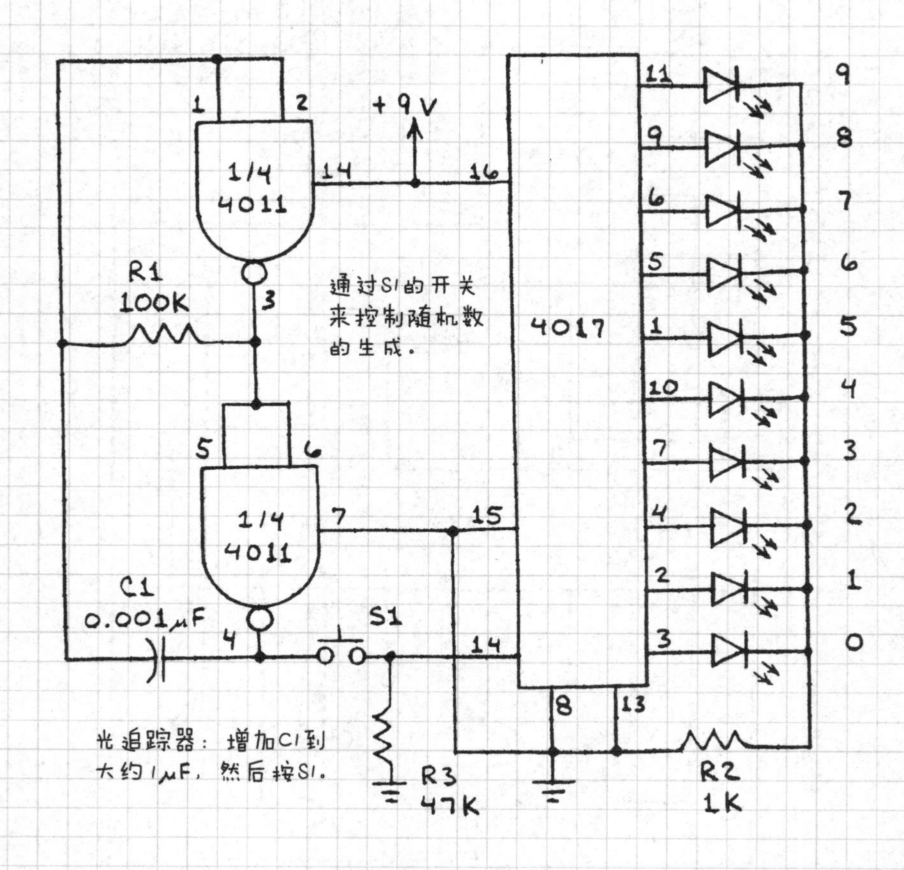

4.14.11 分频器（二分频）

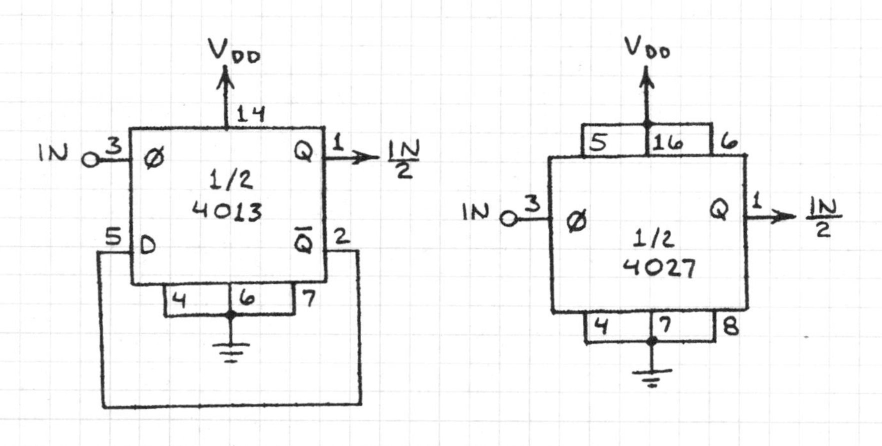

4.15 逻辑类电路接口

下面的电路可以实现CMOS和TTL逻辑电路的互连。

4.15.1 TTL转TTL

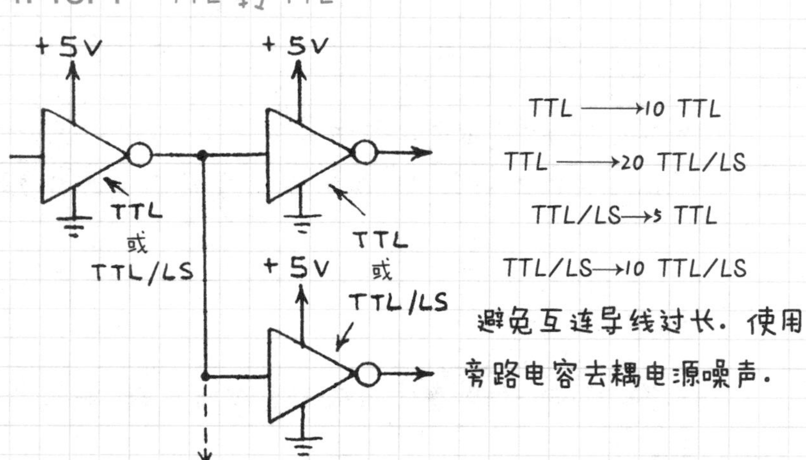

避免互连导线过长。使用旁路电容去耦电源噪声。

4.15.2 TTL转CMOS

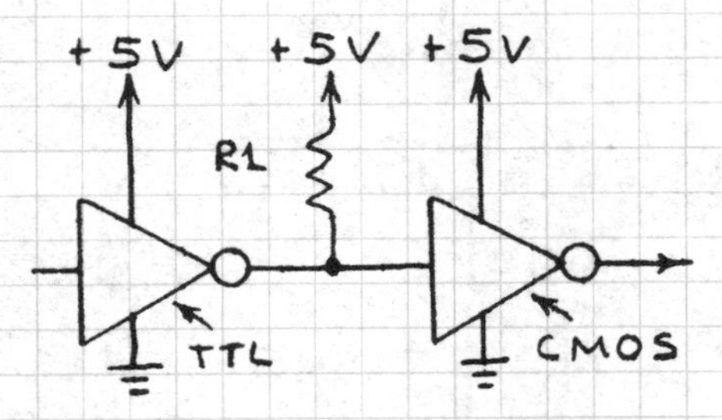

TTL：$R1 = 470\Omega \sim 4.7k\Omega$

TTL/LS：$R1 = 1 \sim 10k\Omega$

注意，所有输入电压都等于5V。

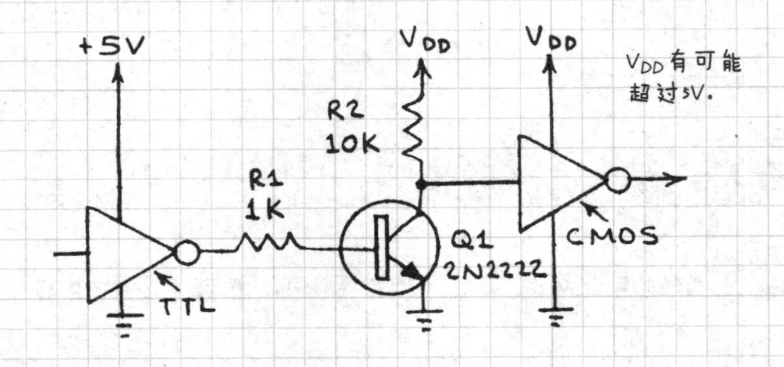

V_{DD}有可能超过5V。

4.15.3 CMOS转CMOS

一个CMOS门的输出可以驱动最多50个CMOS电路的输入。避免过长的连接导线，将所有未使用的引脚接至V_{DD}或接地。

4.15.4 CMOS转TTL

如果条件允许，使用逻辑探头检查逻辑接口，确保它们按预期工作。

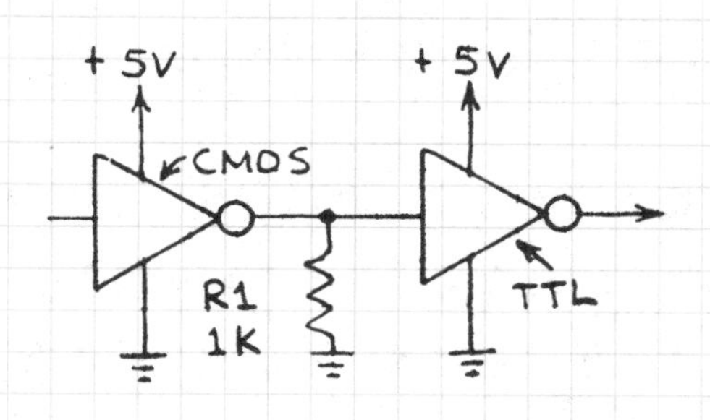

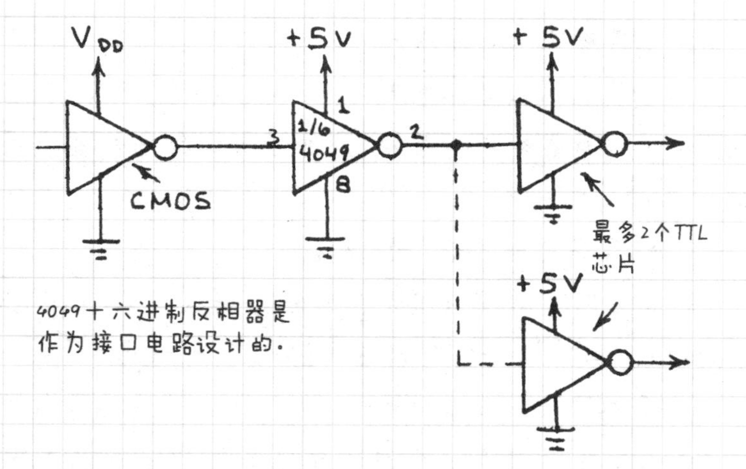

4049十六进制反相器是作为接口电路设计的.

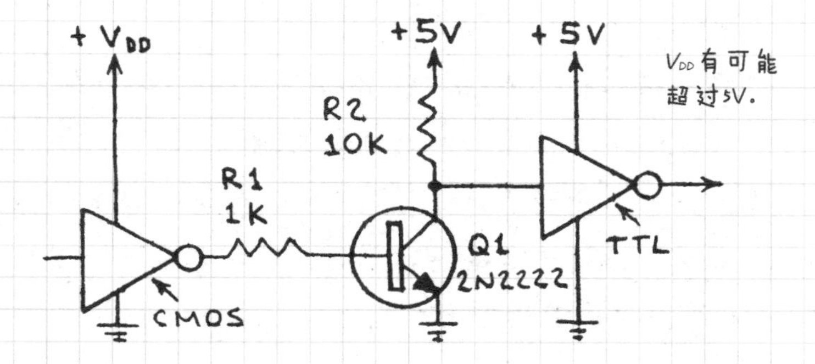

4.16 数字逻辑电路故障排除

数字逻辑电路在出现问题时可能会不正常工作，甚至不工作。这里介绍的故障排除方法可以帮助我们找到大部分问题的产生原因。逻辑探针对检测电路十分有帮助。你可以自己做一个逻辑探针，也可以直接从商场购买。

1，先将电路与电源断开。

2，检查所有的连接线路。

3，是否有芯片引脚弯曲，导致没有完全插入插座或电路板？

4，所有焊接部分是否都完好？

5，是否所有的输入端引脚都被连接好？ 即使是没有被使用的 CMOS 引脚也必须被接到 V_{DD}（或接地）。

6，电路是否完全遵循运行要求（如电源电压等）？

7，电路上是否含有靠近或跨过多个芯片电源引脚的去耦电容？

8，所有逻辑芯片的输入输出接口都被接好了吗？

如果这些步骤仍未能找出问题的原因，那么出问题的有可能不止一个逻辑芯片。记住 CMOS 电路对静电和不符合规则的输入输出十分敏感。最后，确保电源正常工作，能够为电路提供足够的电力供应。

附录

电路符号对照表

名　　称	电阻	电位器	电容	电解电容
本书符号		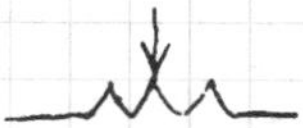	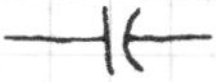	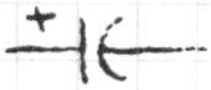
标准符号				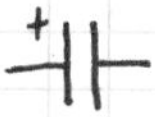
名　　称	二极管	齐纳二极管	PNP 型晶体管	NPN 型晶体管
本书符号			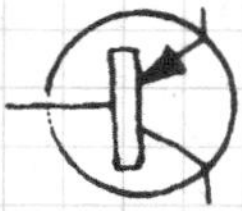	
标准符号				
名　　称	LED	光敏二极管	光敏电阻	光敏晶体管
本书符号	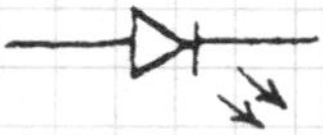		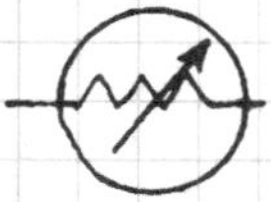	
标准符号				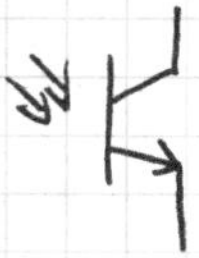

（续）

名　　称	开关	单刀双掷开关	常开按钮	常闭按钮
本书符号				
标准符号				
名　　称	继电器	变压器	扬声器	压电蜂鸣器
本书符号				+　−
标准符号				
名　　称	灯	电池		
本书符号		+		
标准符号				

图书在版编目 (CIP) 数据

手绘揭秘电子电路基本原理和符号/(美) 弗雷斯特·M. 米姆斯三世 (Forrest M. Mims Ⅲ) 著; 侯立刚译. —北京: 机械工业出版社, 2019.3 (2024.1 重印)
(电子工程师成长笔记)
书名原文: Electronic Formulas, Symbols & Circuits
ISBN 978-7-111-62030-3

Ⅰ.①手… Ⅱ.①弗…②侯… Ⅲ.①电子电路-普及读物 Ⅳ.①TN7-49

中国版本图书馆 CIP 数据核字 (2019) 第 028822 号

机械工业出版社 (北京市百万庄大街 22 号 邮政编码 100037)
策划编辑: 任 鑫 责任编辑: 任 鑫
责任校对: 梁 静 封面设计: 马精明
责任印制: 单爱军
北京虎彩文化传播有限公司印刷
2024 年 1 月第 1 版第 3 次印刷
147mm × 210mm · 7.25 印张 · 131 千字
标准书号: ISBN 978-7-111-62030-3
定价: 39.00 元

凡购本书, 如有缺页、倒页、脱页, 由本社发行部调换

电话服务
服务咨询热线: 010-88361066
读者购书热线: 010-68326294

网络服务
机 工 官 网: www.cmpbook.com
机 工 官 博: weibo.com/cmp1952
金 书 网: www.golden-book.com
教育服务网: www.cmpedu.com

封面无防伪标均为盗版